21世纪高职高专规划教材

高等职业教育规划教材编委会专家审定

交换技术

（第2版）

主　编　范兴娟
副主编　韩　静　孙群中　杨　斐

U0282117

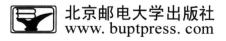

北京邮电大学出版社
www.buptpress.com

内 容 简 介

本书是交换技术课程改革系列教材,教材采用了模块化教学理念。全书分为 5 个模块,每个模块在介绍理论知识的基础上讲述与理论知识紧密联系的实践操作技能,真正体现了高职高专培养"高技能应用型人才"的培养目标。本书作为高职高专通信类专业教材,在教材内容上力求体现高职高专侧重"够用为度"的原则。每个模块分为内容提要、重点难点、学习要求、正文、小结及练习题几个部分,从而方便读者阅读。

本书可作为通信专业、电子与信息等专业高职高专教材,也可作为通信工程技术人员、电子信息工程技术人员从事通信技术的实用参考书,还可作为通信技术人员的培训教程或自学参考书。

图书在版编目(CIP)数据

交换技术 / 范兴娟主编. --2 版. --北京:北京邮电大学出版社,2016.8(2021.8 重印)
ISBN 978-7-5635-4844-6

Ⅰ.①交… Ⅱ.①范… Ⅲ.①通信交换 Ⅳ.①TN91

中国版本图书馆 CIP 数据核字(2016)第 171136 号

书 名:交换技术(第 2 版)	
著作责任者:范兴娟 主编	
责 任 编 辑:刘 颖	
出 版 发 行:北京邮电大学出版社	
社 址:北京市海淀区西土城路 10 号(邮编:100876)	
发 行 部:电话:010-62282185 传真:010-62283578	
E-mail:publish@bupt.edu.cn	
经 销:各地新华书店	
印 刷:唐山玺诚印务有限公司	
开 本:787 mm×1 092 mm 1/16	
印 张:12.25	
字 数:300 千字	
版 次:2012 年 8 月第 1 版 2016 年 8 月第 2 版 2021 年 8 月第 4 次印刷	

ISBN 978-7-5635-4844-6 定 价:28.00 元

· 如有印装质量问题,请与北京邮电大学出版社发行部联系 ·

前　　言

本书第 1 版自 2012 年问世以来,深受高校师生及通信企业工作者的喜爱。随着通信网及通信网交换技术的不断发展演进,书中部分内容已不再适应时代发展的需要,急需引入新的内容以跟上时代的发展。第 2 版在引入新技术的同时,对部分重点、难点技术增加了生动形象的解释,另外,还在每个模块增加了大量的丰富多样的练习题,可以从多方面加深读者对相关理论、实践知识的深入理解。

交换技术主要包括程控交换、分组交换、ATM 交换、IP 交换、软交换、IP 多媒体子系统 IMS、演进的分组核心网 EPC、光交换等内容,本书将各种交换技术进行了总结归纳,按照交换技术的演进路线,分为电路交换模块、分组交换模块、新一代交换技术模块、光交换模块等分别介绍了各种交换技术的原理及实际应用。

本书作者曾在电信企业交换机房工作,且多年从事交换技术课程的教学工作,积累了丰富的教学和实践经验。本书结合高职高专的特点,以"必需、够用"为度,深入浅出,讲清原理,突出基本概念,掌握关键技术。本书可作为高职院校通信类各专业的教材,也可作为初、中级通信技术人员的培训教程或自学参考书。

本书共 5 个模块,主要介绍各种交换技术的理论知识及实际应用,第 2 版对各模块都增加了大量的练习题。

模块一介绍了交换技术的概念、分类、发展,交换机的性能指标等主要内容。

模块二介绍了电路交换概念、交换原理、交换网络、终端与接口、No. 7 信令等理论知识,实践操作部分介绍了中兴仿真软件 ZXJ10 的硬件系统、本局及邻局电话互通数据配置过程。

模块三介绍了分组交换的概念及演进、各种分组交换技术原理等理论知识,实践操作部分介绍了基于 IP 交换技术的组网实验。

　　模块四介绍了新一代交换技术,包括软交换技术、IMS 技术、EPC 等,实践操作部分介绍了华为软交换设备 SoftCo9500 硬件结构及相关数据配置,理论部分新增了 IMS、EPC 等内容。

　　模块五介绍了光交换基本概念及分类、光交换网络等理论知识,实践操作部分介绍了华为智能光交换设备 OptiX OSN 9500 的系统组成、硬件结构,新增了华为 U2000 网管系统基本操作等内容。

　　本书由范兴娟统稿,并编写模块四、五的理论部分及模块二的实践部分,韩静编写模块二的理论部分,孙群中编写模块一、三,杨斐编写模块四、五的实践部分。石家庄邮电职业技术学院电信工程系孙青华教授、杨延广教授、黄红艳副教授、张志平副教授对本书给予了关心和指导,在此一并表示衷心感谢。

　　由于编者水平有限,第 2 版中仍难免存在一些缺点与欠妥之处,恳请广大读者批评指正。

编　者

2016 年 6 月

目　　录

模块一　交换基础知识模块

本 章 内 容

- 交换的概念；
- 交换技术的分类和发展；
- 主要交换技术；
- 交换机的性能指标。

本 章 重 点

- 交换的概念；
- 交换技术的分类；
- 主要交换技术；
- 交换机的性能指标。

本 章 难 点

- 交换的概念；
- 主要交换技术。

学 习 本 章 目 的 和 要 求

- 掌握交换的基本概念；
- 了解交换技术的分类和发展；
- 了解主要交换技术；
- 了解交换机的性能指标。

从电报和电话通信起,就出现了交换技术,随着现代通信技术的发展,其内涵愈加丰富,交换技术是现代通信技术中的一种关键技术。

1.1　交换的概念

1. 交换的由来

"交换"一词源于英文单词"Switch",在英文中,动词"交换"和名词"交换机"是同一个词,"Switch"原意是"开关",早期电话通信网中的交换机在电路接续时采用的是金属触点开关,后来发展为电子开关,我国的邮电专业技术人员将"Switch"译为"交换"。注意,本书中的"交换"特指电信技术中的信息交换,与一般的物品交换不同。

2. 交换的作用

最简单的点对点通信系统的一般模型是由信源、信宿和信道组成的。其中,信源和信宿对应于终端设备,信道对应于传输设备。在多用户通信系统通常要引入交换设备。

在现代通信网中,面向公众服务的通信网用户数量很多,且要满足任意用户间的通信需求。该如何实现任意两个用户间的通信呢?首先给出图1-1所示的几种网络拓扑结构示意图。

如果采用网状网拓扑结构(见图1-1(a)),用户两两之间互连,其总线路数将是用户数N的几何级数,即$N(N-1)/2$条。这样,每增加一个用户都要增加与原有用户的互连线路。当用户数很大时,线路就会像密密麻麻的蜘蛛网一样,不仅工程上难以实现,而且线路成本也很高,经济上也不可行,所以,用户数很大时,不能采用网状网拓扑结构。而如果采用星形网拓扑结构(见图1-1(b)),在中心位置设立中心局,各用户只需有一条到中心局的线路即可,其总线路数是用户数即可。中心局应该担负起各用户间的通信线路接续和信息传递的任务,中心局可称为交换节点,交换节点的交换设备就是交换机。

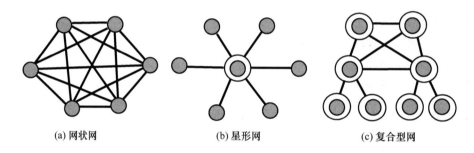

| (a) 网状网 | (b) 星形网 | (c) 复合型网 |

图1-1　网络拓扑结构示意图

当通信网覆盖范围很大时,就需要设立更多的交换节点。对于这些交换节点互连的网络结构,可将图1-1(a)和图1-1(b)中的用户节点也看成交换节点,各交换节点之间既可采用网状网拓扑结构,也可采用星形网拓扑结构,或者将两者相结合形成复合型网拓扑结构(见图1-1(c))。注意,此处讨论的只是交换节点的网络拓扑结构,若以交换节点为中心按照星形网将用户节点加上就更完整了。

可见,交换就是在多用户通信系统中,通过交换节点的交换设备来选择路由并分配相关资源,接续所需的通信线路,以实现任意用户间的信息传递。

3. 交换的基本方式

(1) 电路交换方式

对于采用电路交换方式的电话通信网来说,交换就是电话交换机根据用户呼叫来接通(挂机时,再拆除)电话用户间的通话线路。简单地说,电路交换就是话路的路由选择和接续。电路交换建立的是端到端的连接,用户的通话过程不需交换机参与。

(2) 分组交换方式

对于采用分组交换方式的数据通信网来说,则是沿用了电话通信网中的"交换"一词。这时,分组交换机(或分组终端)将需要传送的数据信息封装成一个个具有一定格式的分组,交换就是根据目的地址选择下一个交换节点,以分组为单位发送给下一个交换节点,各交换节点将从上一个交换节点收到的分组暂存并择机转发到下一个交换节点,直到送达终端交换机为止。

分组交换方式又可分为面向连接方式和无连接方式两种。面向连接方式需要事先约定信息传输的路径,即建立虚连接,然后再沿着该路径进行存储-转发信息;无连接方式不需要建立虚连接,由各交换节点设备独立决定转发方向。

(3)两种交换方式的区别

电路交换方式需要交换机完成端到端的通信线路接续动作后方能通信,通信过程中用户独占其分配的信道资源。主叫发起呼叫,被叫空闲应答,通信双方需要同时配合完成。对电路交换方式的交换机而言,用户信息是透明传输的,例如,交换机不知道且不需知道传送的是电话信号还是传真信号。

分组交换方式则是逐段进行,当分组途经各交换节点时,各节点分组交换机可以并发地对当前到达的分组进行交换处理,并将各分组以接力方式向前传递;通信双方的收发不必同时进行。对分组交换方式的交换机而言,交换机完成的许多信息处理功能对用户是透明的。例如,用户传送一个数字"1",如何进行编码处理,用户是不知道且不需知道的。

1.2　交换技术的分类和发展

现代通信发展过程中,交换技术从电路交换技术发展到分组交换技术,并向着 IP 化、宽带化、智能化的方向发展。

1.2.1　交换技术的分类

交换技术可以从不同角度进行分类。

1. 按照通信网络业务类别划分

按照通信网络业务类别,交换技术可分为电话通信网交换技术、数据通信网交换技术等。

2. 按照交换原理划分

按照交换原理,交换技术可分为电路交换技术和分组交换技术。分组交换技术从 X.25 分组交换技术又发展出了帧中继技术、异步传输模式(ATM)技术及多协议标签交换(MPLS)技术等。

3. 按照信号特性划分

按照信号特性不同,从信号是电的还是光的,可分为电交换技术和光交换技术;从信号是模拟的还是数字的,可分为模拟交换技术和数字交换技术;从信号复用方式是空分的还是时分的,可分为空分交换技术和时分交换技术等。

1.2.2　交换技术的发展历程

下面按照通信网络业务类别不同,分别介绍交换技术的发展历程。

1. 电话通信网交换技术的发展

电话通信网交换技术的发展可分为人工电话交换阶段和自动电话交换阶段。

(1) 人工电话交换技术的发展

电话商用初期,电话交换局是靠人工完成主被叫用户间的线路接续的。

人工电话交换机包括磁石式电话交换机(1878 年)和共电式电话交换机(1882 年)。

(2) 自动电话交换技术的发展

在自动电话交换机中,交换接续过程的选线、连接和拆线等动作完全由交换机自动完成,不需要人工参与。

自动电话交换技术又经历了机电式、电子式〔又分为半(或准)电子式和全电子式〕的发展过程。

① 机电式交换机

机电式交换机最初是采用直接控制方式的步进制交换机,包括史端乔交换机(1891 年)和西门子交换机(1909 年)。所谓直接控制方式是指用户拨号脉冲直接控制交换机机键动作。每拨一个号码,控制交换机的对应机键动作一次,等拨全号码,也就完成了电路的接续,故称为步进制。步进制交换机示意图如图 1-2 所示。

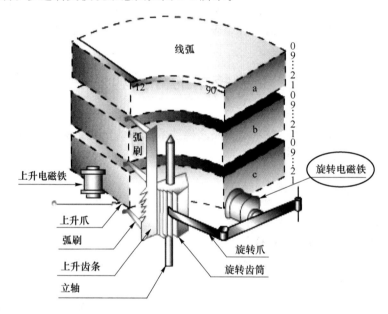

图 1-2 步进制交换机示意图

后来发展为间接控制方式的旋转制交换机(1914 年)、升降制交换机和纵横制交换机〔1919 年发明纵横接线器,纵横制交换机先后在瑞典(1926 年)和美国(1938 年)诞生〕。其中纵横制交换机的接线器接点从原来的滑动摩擦接触的金属接点改为压触式接点。所谓间接控制方式是指逐步引入了记发器和标志器等专门的控制部件,交换机可以将用户所拨号码存储下来,然后再去控制交换机的机键动作以完成电路接续。这样用户可以快速地连续拨号而不需等待交换机的机键完成动作。在纵横制交换机中,已经明确分为话路部分和控制部分两个部分。纵横制交换机示意图如图 1-3 所示。

② 半电子式交换机

半电子式交换机的控制部分采用电子器件,而话路部分仍采用机械接点。包括布线逻辑控制的交换机和空分模拟程控交换机(1965 年)。

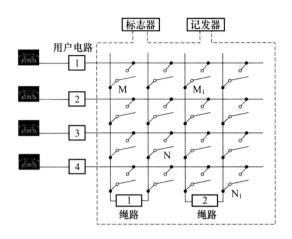

图 1-3　纵横制交换机示意图

③ 全电子式交换机

全电子式交换机的话路和控制部分都采用电子器件,即时分数字程控交换机(1970 年)。

2. 数据通信网交换技术的发展

数据通信网交换技术的发展可以分为电路交换阶段和分组交换阶段。

(1) 电路交换技术的发展

数据通信网中的电路交换技术是对电话通信网的电路交换技术的继承,用于数据通信网发展初期,这时数据通信网依托于电话通信网。

(2) 分组交换技术的发展

① X.25 分组交换技术

最初的 X.25 分组交换技术产生在传输介质质量较差、终端智能较低以及对通信速率要求不高的历史背景下,采用的 X.25 建议是 1974 年由原国际电报电话咨询委员会(CCITT)按照电信级标准制定的。为提供高可靠性的数据服务,保证端到端传送质量,所以它采用逐段链路差错控制和流量控制,由于协议多,每台 X.25 分组交换机都要进行大量的处理,这样就使传输速率降低,时延增加,只能提供中低速率的数据通信业务,主要用于广域网互连。大多数国家的公用的 X.25 分组交换网络是在 20 世纪 70 年代到 80 年代建造的。

② 帧中继技术

帧中继技术是在分组技术、数字与光纤传输技术、计算机技术日益成熟的条件下发展起来的。随着光纤通信的发展,传输质量大大提高,并且终端智能化足以完成一些复杂的处理,局域网间的数据传输量和带宽要求急剧增加。于是由 X.25 分组交换技术加以改进产生了帧中继技术(1991 年),并替代了 X.25 分组交换技术。帧中继技术完成了开放系统互连参考模型(OSI-RM)的物理层和链路层的功能;流量控制、纠错等功能改由智能终端去完成,这大大简化了节点机之间的协议,提高了线路带宽的利用率。和 X.25 网络相比,节点的延时大大降低,吞吐量大大提高。帧中继主要应用在局域网(LAN)互联、高清晰度图像业务、宽带可视电话业务和 Internet 连接业务等。

③ ATM 技术

在 20 世纪 80 年代中期,随着多媒体技术的发展,网络应用已不限于传统的语言通信与基于文本的数据传输。于是原 CCITT 提出 B-ISDN(Broadband Integrated Services Digital Network,宽带综合业务数字网)的概念,B-ISDN 需要用一种新的网络替代现有的电话网及各种专用网,这种单一的综合网可以同时传输语音、数字、文字、图形与视频信息等多种类型的数据。B-ISDN 中不同类型的数据对传输的服务要求不同,对数据传输的实时性要求也越来越高。这种应用将会增加网络突发性的通信量,而不同类型的数据混合使用时,各类数据的服务质量(QoS)是不相同的。多媒体网络应用及实时通信要求网络传输的高速率与低延迟,而 ATM 技术能满足此类应用的要求。

由于 ATM 技术简化了交换过程,去除了不必要的数据校验,采用易于处理的固定信元格式,所以 ATM 交换速率大大高于传统的数据网,如 X.25、数字数据网(DDN)、帧中继等。另外,对于如此高速的数据网,ATM 网络采用了一些有效的业务流量监控机制,对网上用户数据进行实时监控,把网络拥塞发生的可能性降到最小。对不同业务赋予不同的优先级,如语音的实时性优先级最高,一般数据文件传输的正确性优先级最高,网络对不同业务分配不同的网络资源,这样就将不同的业务综合在同一网络中实现。

与 X.25 分组交换技术相比,帧中继技术和 ATM 技术等称为快速分组交换技术。

④ MPLS 技术

随着 Internet 网络的发展,IP 网络应用多种多样,但是 IP 网络无法提供可靠的 QoS,而 B-ISDN 的 ATM 技术能够为各种业务提供可靠的 QoS,但缺乏灵活性。在 20 世纪 90 年代,出现了融合 IP 网络技术和 ATM 交换技术的 MPLS 技术等。

另外,对于电话通信来说,随着网络电话(VoIP)技术的应用,电话交换技术从电路交换技术发展到分组交换技术。电话通信网和数据通信网又一次在交换技术上得到统一。

1.2.3 交换技术的发展方向

随着通信网络 IP 化、宽带化和智能化,交换技术也向着 IP 化、宽带化和智能化的方向发展。

1. IP 化

随着通信网络的综合化发展,具有开放性的 IP 技术在和 ATM 技术的竞争中最后胜出,通信网络逐步演变成全 IP 化的网络。面对数量巨大的 IP 数据,如果仍采用计算机网络中的路由器对每个 IP 报文单独进行路由处理,然后进行交换的方式,效率低下,已经无法适应。于是,产生了 IP 技术和 ATM 技术相结合的 IP 交换技术,就像邮政系统采用邮政编码以便分拣一样,在 IP 网络入口处给每个业务信息流的所有 IP 报文都贴上一个特有的标签,表示这些报文的路由是一样的,这样,通过一次路由处理,然后都按照标签进行交换就可以了。

2. 宽带化

随着通信业务量的不断增长,用户对带宽的需求也越来越多。光纤通信技术的出现首先解决了传输带宽的问题,但交换机需要在交换处理前后分别进行光/电、电/光的转换,因此,电交换技术成为了网络中的瓶颈。

由于通信网络在模拟传输时,采用机电式交换技术;在数字传输时,采用电子式交换技术;那么,在光传输时,采用光交换技术应该是顺应历史发展的。光交换技术是全光通信网的核心技术。

3. 智能化

下一代网络(NGN)是基于 IP、支持多种业务、能够实现业务与传送分离、控制功能独立、接口开放、具有 QoS 保证和支持通用移动性的分组网。NGN 的核心技术是智能化的软交换技术。软交换设备是通过功能分离从传统网络中演化而来的,软交换体系可以由多个设备提供商来提供基于开放标准的产品,使得运营商能够灵活地选择最合适的产品去建设网络,而且开放的标准也能促进发展和节约成本。

1.3 主要交换技术

1.3.1 电路交换技术

在通信范畴,电路可以是用来传输用户信号的一对铜线、一个频段或时分复用电路的一个时隙。

电路交换方式中,交换设备只为通信双方建立透明的通路连接,不对用户信息进行任何检测、识别或处理。

目前的电路交换设备,通常是程控交换机,在软件控制下,接收和处理用户呼叫信令,分配资源,提供双向通信电路。

电路交换技术的主要特点是:通信前需要建立端到端的电路连接;通信双方需要同时配合完成通信;用户在通信过程中独占其分配的信道资源。

1.3.2 分组交换技术

在分组交换方式中,为提高线路利用率,一方面,将较长的用户信息分为若干个分组(Packet),以分组为单位进行逐段存储-转发。因此,分组是对用户信息进行存储-转发处理的基本单位。另一方面,采用统计时分复用方式为各用户信息分配信道资源。由于多用户共享线路,为区分不同用户信息,需要对用户信息进行复杂的处理。

早期的分组交换设备常称为分组交换机,在软件控制下,接收和处理分组,分配资源,将分组转发出去直到收端的分组交换机为止。后来发展的有帧中继交换机、ATM 交换机、MPLS 路由器等。

分组交换技术的主要特点是:以分组为单位进行逐段存储-转发;采用面向连接方式时,通信前需要建立端到端的虚电路连接;通信双方不需要同时配合完成通信;用户在通信过程中采用统计时分复用方式与其他用户共享信道资源,因此采用分组交换可以提高线路利用率。

1.3.3 软交换技术

软交换技术是 NGN 的核心技术。"软交换"的英文是"Softswitch",其中的"switch"应该是"交换机"的意思,而不是动词"交换"的意思。

广义地讲,软交换是指以软交换设备为控制核心的软交换网络,包括接入层、传送层、控制层及应用层,通常称为软交换系统。狭义地讲,软交换特指为控制层的软交换设备。

在电路交换网中,呼叫控制、业务提供以及交换矩阵均集中在一个交换系统中,而软交换的主要设计思想是业务与控制分离、传送与接入分离,各实体之间通过标准的协议进行连接和通信,以便在网络上更加灵活地提供业务。

软交换技术主要有以下特点:

(1) 业务控制与呼叫控制分开;

(2) 呼叫控制与承载连接分开;

(3) 提供开放的接口,便于第三方提供业务;

(4) 具有用户语音、数据、移动业务和多媒体业务的综合呼叫控制系统,用户可以通过各种接入设备连接到 IP 网络。

目前,软交换技术主要应用于 VoIP 和 3G 等业务。

1.3.4 光交换技术

光交换技术是指不通过任何光/电转换,直接在光域上完成输入到输出端的信息交换。

根据光信号的复用方式,光交换技术可分为空分、时分和波分 3 种交换方式。

类似于电路域的电路交换技术与分组交换技术,光交换技术也可分为光路光交换技术和分组光交换技术。

实现光交换的设备是光交换机。光交换机是全光网络的核心。

光交换技术的主要特点是:克服电子器件的瓶颈,大大提升带宽;省去光/电、电/光转换,提高效率并降低成本。

1.4 交换机的性能指标

对于交换机的常用性能指标包括以下几个方面。

1. 交换容量

(1) 电路交换设备(如程控数字电话交换机)的性能指标

① 话务负荷能力(话务量)。表示机线设备的繁忙程度,是一个统计指标。

话务量指在一特定时间内呼叫次数与每次呼叫平均占用时间的乘积。国际通用的话务量单位是原 CCITT 建议使用的单位,称为"爱尔兰(Erl)",是为了纪念话务理论的创始人 A. K. Erlang 而命名的。

通常说的话务量是指在每天忙时 1 小时的话务量的统计平均值。

话务量的计算公式为

$$A = C \cdot t$$

其中,A 是话务量,单位为 Erl;C 是呼叫次数,单位为次;t 是每次呼叫平均占用时长,单位为小时(h)。一般话务量又称"小时呼",统计的时间范围是 1 h。

1 Erl 就是 1 条电路可能处理的最大话务量。如果观测 1 h,这条电路被连续不断地占用了 1 h,话务量就是 1 Erl,也可以称为"1 小时呼"。

通俗地讲,话务量就是 1 条电话线 1 h 内被占用的时长。如果 1 条电话线被占用 1 h,

话务量就是 1 Erl(Erl 不是量纲,只是为纪念爱尔兰这个人而设立的单位)。如果 1 条电话线被占用(统计)时长为 0.5 h,话务量是 0.5 Erl。

例如,统计表明,用户线的话务量为 0.05 Erl。过去我国电话还不是很普及时,因为很多人使用一部电话,所以电话的话务量很大,达到 0.13 Erl。如果某交换机有 1 000 个用户,若按照 0.05 Erl 计算,该交换机的总话务量为 50 Erl;若按照 0.13 Erl 计算,该交换机的总话务量为 130 Erl。

有时人们以 100 s 为观测时间长度,这时的话务量单位称为"百秒呼",用 CCS 表示。36 CCS=1 Erl。

② 控制系统的呼叫处理能力(BHCA)。是指忙时试呼次数,表示交换机目标处理能力。

③ 交换机连接用户线和中继线的最大数量。

(2) 分组交换设备(如 X.25 分组数据交换机)的性能指标

① 吞吐量。表示该交换机每秒处理的分组数。

在给出该指标时,必须指出分组长度,通常为 128 字节/分组。

② 控制系统的呼叫处理能力。即每秒能处理的呼叫次数。

在一般情况下,该指标是在不传送数据分组时给出的值。

③ 端口数。包括同步与异步端口数。

对于帧中继交换机、ATM 交换机以及 IP 网络中的交换设备而言,常用"带宽"来衡量,所谓的带宽表示的是最大的通信能力,单位常用 bps(即 bit/s)。表示路由器性能时则常用 pps。

2. 阻塞率

对面向连接的交换设备而言,常用呼损或呼损率表示;对数据通信网的分组交换设备而言,常用分组的丢失率表示。

所谓呼损,是指在用户发起呼叫时,由于网络或中继的原因导致电话接续失败,这种情况称为呼叫被损失,简称呼损。它可以用损失的呼叫占总发起呼叫数的比例来描述(这只是表述呼损的方法之一)。

呼损和交换局内设备数量之间有着密切的关系。可以想象,如果交换局内各种设备(包括交换设备和传输设备)都有富余,则当用户发起呼叫时,就不会存在呼损或呼损非常小。但这将使得局内设备的利用率非常低,网络成本很高。反之,若交换局内各种设备数量很少,则当用户发起呼叫时,呼损会很大,而局内设备的利用率会非常高,网络成本大大降低。因此,呼损是在接续质量和网络成本之间的一种折中。接续呼损指标的分配对于网络规划和设计以及路由设置等都有重要意义。

如何将全程呼损指标合理地分配到全程接续中的各项设备上,称为呼损分配。

例如,数字长途电话网的全程呼损应不大于 0.054;数字本地电话网的全程呼损应不大于 0.042;如果在本地呼叫连接中经过三个汇接局时,则呼损应不大于 0.053。

3. 时延

总时延通常包括接续时延、输入/输出时延、处理时延(包括排队等待时延)和传播时延等。除卫星信道外,传播时延一般可忽略不计。

电路交换设备接续时延占比重较大,接续时延是指在一次呼叫接续过程中,由交换设备进行接续和传递相关信令所引起的时间延迟。接续时延是衡量网络服务质量的一个指标，一般用拨号前时延和拨号后时延两个参数来衡量。

拨号前时延是从主叫用户摘机至听到拨号音瞬间的时间间隔。

拨号后时延是用户或终端设备拨号结束到网络做出响应的时间间隔，即拨号结束至送出回铃音或忙音之间的时间间隔。

而无连接的交换设备没有接续时延。

4. 差错率

常用指标为比特差错率(BER)，即误码率。交换机可以统计差错率，但该指标主要跟传输信道的特性有关。

ITU-T 建议用误码时间率来衡量误码性能。误码时间率是指在一段时间(TL)内确定的 BER 超过某一门限(BERth)的各个时间间隔(T)的平均周期百分数。TL 即总的统计时间，与具体的应用有关，作为暂定的参考，一般取一个月左右。而根据 BERth 和 T 取值的不同，形成不同的误码度量参数，包括严重误码秒百分数、劣化分钟百分数、误码秒百分数和无误码百分数等。

5. 接口类型及速率

表示交换设备提供的服务种类和能力。

6. 可靠性

所谓可靠是指在概率的意义上，使平均故障间隔时间(两个相邻故障间时间的平均值)达到要求。

可靠性指标主要有以下几种。

① 失效率。指系统在单位时间内发生故障的概率，一般用 λ 表示。

② 平均故障间隔时间(Mean Time Between Failure, MTBF)。又称为平均失效间隔。指系统两次故障发生时间之间的时间段的平均值，$\text{MTBF} = 1/\lambda$。MTBF 越长，表示可靠性越高，正确工作能力越强。由图 1-4 可知，$\text{MTBF} = \sum (T_2 + T_3 + T_1)/N$，其中 N 为统计次数。

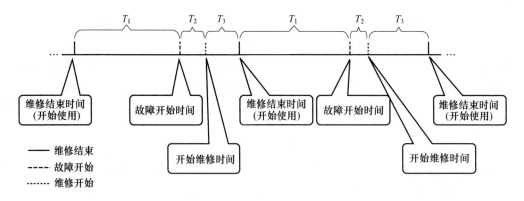

图 1-4　平均故障时间指标关系示意图

③ 平均修复时间(Mean Time To Restoration, MTTR)。又称为平均恢复前时间。它包括确认失效发生所必需的时间，以及维护所需要的时间。若用 μ 表示修复率，$\text{MTTR} = 1/\mu$。就是从出现故障到恢复中间的这段时间。MTTR 越短表示易恢复性越好。由图 1-4

可知，$MTTR = \sum(T_2 + T_3)/N$。

④ 平均无故障时间（Mean Time To Failure，MTTF）。表示系统平均能够正常运行多长时间，才发生一次故障。系统的可靠性越高，平均无故障时间越长。由图 1-4 可知，$MTTF = \sum T_1/N$。

注意：MTBF = MTTF + MTTR，一般系统要求 MTTR ≪ MTBF，故 MTTF ≈ MTBF。一般系统只会采用 MTTF 和 MTBF 二者中的一个作为可靠性指标。

⑤ 系统不可利用度（U）。指在规定的时间和条件内，系统丧失规定功能的概率，通常假设系统在稳定运行时，μ 和 λ 都接近于常数，则

$$U = MTTR/MTBF = \lambda/\mu$$

例如，经统计某系统每年发生 3 次故障，MTTR 为 5 小时。

如果取单位时间为小时，则 $\lambda = \dfrac{3}{365 \times 24}$，$\mu = 1/5$。

$$MTBF = \frac{1}{\lambda} = \frac{365 \times 24}{3} = 2\,920(h)$$

$$U = \frac{MTTR}{MTBF} = \frac{5}{2\,920} = 1.71 \times 10^{-3}$$

$$\text{或 } U = \lambda/\mu = \frac{3/(365 \times 24)}{(1/5)} = 1.71 \times 10^{-3}$$

本　章　小　结

1. 交换就是在多用户通信系统中，通过交换节点的交换设备来选择路由并分配相关资源，接续所需的通信线路，以实现任意用户间的信息传递。

2. 交换基本方式有电路交换方式和分组交换方式。

3. 交换技术可以从不同角度进行分类：

$$
\text{交换技术}
\begin{cases}
\text{按照网络业务类别划分}
\begin{cases}
\text{电话通信网交换技术} \\
\text{数据通信网交换技术}
\end{cases} \\
\text{按照交换原理划分}
\begin{cases}
\text{电路交换技术} \\
\text{分组交换技术}
\end{cases} \\
\text{按照信号特性划分}
\begin{cases}
\text{电交换技术} \\
\text{光交换技术} \\
\text{模拟交换技术} \\
\text{数字交换技术} \\
\text{空分交换技术} \\
\text{时分交换技术}
\end{cases}
\end{cases}
$$

4. 电话通信网交换技术的发展可以分为人工电话交换阶段和自动电话交换阶段。人工电话交换是靠人工完成主被叫用户间的线路接续的。在自动电话交换机中，交换接续过程的选线、连接和拆线等动作完全由交换机自动完成，不需要人工参与。

5. X. 25 分组交换技术根据面向连接与否可以分为无连接的数据报方式和面向连接的虚电路方式。

6. 从 X. 25 分组交换技术改进而来的有帧中继技术、ATM 技术等各种快速分组交换技术，以及融合 IP 网络技术和 ATM 交换技术的 MPLS 交换技术等。

7. 交换技术的方向发展是 IP 化、宽带化和智能化。

8. 目前主要交换技术有电路交换技术、分组交换技术、软交换技术和光交换技术。

9. 交换机的常用性能指标包括：交换容量、阻塞率、时延、差错率、接口类型及速率和可靠性等。

习　　题

一、填空题

1. 交换基本方式有_____和_____。

2. 分组交换方式根据连接性又可分为_____和_____两种。

3. 与 X. 25 分组交换技术相比，_____技术和_____技术等称为快速分组交换技术。

4. 交换技术的方向发展是_____、_____和_____。

5. 主要的交换技术有_____、_____、_____和_____。

6. 交换机的常用性能指标包括：_____、阻塞率、_____、_____、接口类型及速率和_____等。

7. 如果不采用交换机，100 个用户完成任意两个用户的通信需要线路_____条。

8. 用户与交换机之间的线路称为_____，交换机与交换机之间的线路称为_____。

9. 电话之间能通信主要是由放置在电信运营商机房的_____设备控制完成的。

10. 电路交换中，用户信息是_____传输的。对存储-转发方式，交换设备完成的许多信息处理功能对用户是_____的。

11. 我国传统电话网采用的交换方式是_____。

12. 根据通信网络业务类别，交换技术可分为_____通信网和_____通信网交换技术。

13. 根据交换原理，交换技术可分为_____交换技术和_____交换技术。

14. 最早的"自动交换机"是由美国人_____发明的步进制自动电话交换机。

15. 分组交换技术根据面向连接与否可以分为_____和_____两种方式，IP 网络采用_____方式，ATM 和帧中继采用_____方式。

16. 光交换技术是指不通过任何光/电转换，直接在_____上完成输入到输出端的信息交换。

17. 话务量的单位是_____。

18. 当用户发起呼叫时，由于网络或中继的原因导致电话接续失败，称为_____。

19. 平均故障间隔时间越_____，表示可靠性越高，正确工作能力越强；平均修复时间越_____，表示易恢复性越好；平均无故障时间越_____，表示系统可靠性越高。

二、选择题

1. 电话交换网络的拓扑结构是（　　　）。

A. 网状网　　　　　　B. 星形网　　　　　　C. 复合型网　　　　　D. 环形网

2. 电路交换的特点不包括（　　　）。

A. 通信前需要建立端到端的电路连接

B. 通信双方需要同时配合完成通信

C. 用户在通信过程中独占其分配的信道资源

D. 交换机完成的许多信息处理功能,对用户是透明的

3. 分组交换网络的优点是（　　　）。

A. 线路利用率高　　　　　　　　　　B. 无连接方式

C. 面向连接方式　　　　　　　　　　D. 交换机处理功能强

4. 根据光信号的复用方式,光交换技术的分类不包括（　　　）。

A. 空分交换方式　　　　　　　　　　B. 时分交换方式

C. 波分交换方式　　　　　　　　　　D. 码分交换方式

5. 交换技术的方向发展不包括（　　　）。

A. IP 化　　　　　　B. 宽带化　　　　　　C. 智能化　　　　　　D. 个人化

6. 以下不属于自动交换机的是（　　　）。

A. 步进制交换机　　　　　　　　　　B. 磁石交换机

C. 纵横制交换机　　　　　　　　　　D. 模拟程控交换机

7. 描述交换设备繁忙程度的指标是（　　　）。

A. 阻塞率　　　　　　B. 差错率　　　　　　C. 话务量　　　　　　D. 失效率

8. 能够提供 QoS 保证的是（　　　）。

A. IP　　　　　　B. X. 25　　　　　　C. FR　　　　　　D. ATM

三、判断题

（　　　）1. 交换的功能之一是完成用户通信线路的接续。

（　　　）2. 分组交换方式都是无连接的。

（　　　）3. 分组交换技术不能用于电话通信。

（　　　）4. 电路交换技术不能进行数据通信。

（　　　）5. 智能化是交换技术的发展趋势之一。

（　　　）6. 电路交换方式的突出优点是线路利用率高。

（　　　）7. 分组交换方式的突出优点是信息传输时延小。

（　　　）8. 电路交换是无连接的交换方式。

（　　　）9. 分组交换是面向连接的交换方式。

（　　　）10. 软交换各实体之间通过标准的协议进行通信。

（　　　）11. 光交换克服了电子器件的瓶颈,大大提升了带宽。

（　　　）12. 平均故障间隔时间越短,表示系统可靠性越高。

（　　　）13. 电路交换采用同步时分复用,分组交换采用异步(统计)时分复用。

（　　　）14. 电路交换方式下,在两个终端之间通信时,要独占物理线路。

四、简答题

1. 什么是交换？

2. 为什么引入交换设备？

3. 电路交换技术的特点有哪些？

4. 分组交换技术的特点有哪些？

5. 软交换的主要设计思想有哪些？

6. 为什么要发展光交换技术？

7. 简述交换机的主要性能指标。

8. 列举常见的交换技术。

五、综合题

1. 调查交换技术发展趋势并提出自己的观点。

2. 某组用户在忙时的一小时中发生了 6 次呼叫，其中两次 3 分钟，一次 5 分钟，一次 8 分钟，两次 10 分钟，若统计用户线的话务量为 0.05 Erl，试求：

（1）该组用户的话务量；

（2）该组用户的数量。

3. 设处理机的 MTBF＝1 500 h，MTTR＝5 h，试计算单处理机时的不可利用度。

4. 某组用户在某小时共发生了 5 次呼叫，每次呼叫占用时间分别为 5 分钟、5 分钟、15 分钟、20 分钟和半小时，试求该组用户的话务量是多少？

模块二 电路交换模块

本章内容

- 电路交换基础；
- 电路交换原理和交换网络；
- 终端与接口；
- No.7 信令。

本章重点

- 电路交换原理和交换网络；
- 终端与接口；
- No.7 信令。

本章难点

- 交换网络；
- No.7 信令。

学习本章目的和要求

- 掌握电路交换原理；
- 掌握 T、S 基本接线器；
- 了解交换网络的交换过程；
- 了解终端与接口的功能；
- 掌握 No.7 信令的层次结构、信令单元的组成及 No.7 信令网。

程控交换机是电话交换网的核心设备,其主要功能是完成用户之间的接续,即在两个用户之间建立一条话音通道。程控交换机的总体结构包括硬件和软件两部分,程控交换机的硬件包括话路子系统和控制子系统两部分,如图 2-1 所示。

话路子系统主要由各类接口电路、信令设备和数字交换网络组成。

接口电路的作用是将来自不同终端(电话机、计算机等)或其他交换机的各种线路传输信号转换成统一的交换机内部工作信号,并按信号的性质分别将信令信号送给信令设备,将业务消息信号送给数字交换网络。

数字交换网络的任务是实现各入、出线上数字时分信号的传递或接续。

信令设备的主要功能是接收和发送信令。

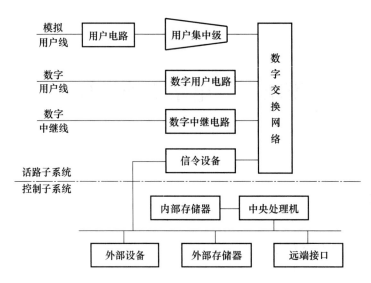

图 2-1　程控数字交换机的硬件结构

控制子系统其主要功能是完成对交换机系统全部资源的管理和控制,监视资源的使用和工作状态,按照外部终端的请求分配资源和建立相关连接。控制子系统由中央处理机(CPU)、内部存储器、外部设备和远端接口等部件组成。

外部设备包括外存、打印机、维护终端等,是交换局维护人员使用的设备。

远端接口包括到维护操作中心、网管中心、计费中心等的数据传送接口。

存储器用来存储交换设备的状态及运行数据和呼叫处理程序,常用程序和数据存储在内部存储器中,其他存于外部存储器中,需要时再调入内存。

2.1　话路子系统

话路子系统主要是以交换网络为核心组织起来的,包括模拟用户电路、用户集中级、数字用户电路、中继器、信令设备、数字交换网络等部件,是以话音信号为主的用户信息的传送和交换通路。

2.1.1　模拟用户电路

模拟用户电路(Analog Line Circuit,ALC)简称用户电路,是程控数字交换机连接模拟用户线的接口电路。模拟用户电路具有 BORSCHT 七大基本功能。

1. B—馈电(Battery Feeding)

为用户线提供通话和监视电流。数字程控交换机的馈电电压为 -48 V 的直流,在通话时的馈电电流保持在 $18\sim50$ mA。

2. O—过压保护(Over Voltage Protection)

用户电话到交换机之间的连线叫用户线,用户线一般裸露在外部环境中,有可能受到雷电袭击,也有可能和高压线并行,如果这些高压从用户线进入交换机,就会毁坏交换机内的集成电路组件。为防止外来各种高电压的袭击,交换机一般采用两级保护措施:第一级保护是在总配线架上安装避雷器和放电管,使得进入的电压可降低到上百伏,这样的电压仍然能对交换机内的集成电路产生致命的损伤。因此还要采取第二级保护措施,在用户电路中采用过压保护,将百伏以内的高压降低到−48 V。

3. R—振铃(Ring)

程控交换机的信号发生器通过用户电路的振铃开关电路向电话机馈送振铃电流。我国规定,振铃电压为(75±15) V,一般采用振铃继电器实现。

4. S—监视(Supervision)

监视功能通过用户直流回路的通断来判定用户线回路的接通和断开状态,及时将用户线的状态信息送给处理机处理。

5. C—编/译码(Codec)

编/译码电路完成模拟话音信号以及模拟信令信号的 PCM 编码和译码。在每个用户接口电路内都设计了滤波器和编/译码器,模拟话音信号首先经滤波器限频,消除带外干扰,再进行抽样、量化,最后用编码器编码并暂存,待指定的时隙到来时以 64 kbit/s 的基带速率输出。由交换网络返回的 PCM 基带信号进入译码器,完成模拟话音的恢复。

6. H—混合(Hybrid Circuit)

由于连接模拟用户话机的环线是 2 线,而连接数字交换网络的是 4 线,因此信号在编码前和译码后要由混合电路完成 2/4 线变换。

7. T—测试(Test)

测试功能主要用于及时发现用户线、中继线和局内设备等环节可能发生的混线、断线、接地、与电力线碰接以及元器件损坏等各种故障,以便及时修复和排除。

2.1.2 用户集中级

用户集中级用来进行话务量的集中(或分散)。一群用户经用户集中级后能以较少的链路接至交换网络,从而提高链路的利用率。用户集中级通常采用单 T 交换网络,集中比一般为 2∶1～16∶1。

用户集中级和用户电路还可以设置在远端,常称为远端模块。其与母局之间用 PCM链路连接,链路数与远端模块容量及话务负荷有关。远端模块的设置带来了组网的灵活性,节省了用户线的投资。

2.1.3 数字用户电路

数字用户电路(Digital Line Circuit,DLC)是数字用户终端设备与程控交换机之间的接口电路,其功能如下:

(1)数字用户电路过压保护、馈电和测试功能的作用及实现与模拟用户电路类似。当用户终端本身具有工作电源时,还可以免去馈电功能。

(2)数字电话机内通常都装有电子铃流发生器,因此,数字用户电路免去了振铃功能。

(3)由于数字用户终端和数字交换网络运行的都是数字信号,因此数字用户电路不需要进行模/数转换,同样免去了编/译码电路。

(4) 数字用户电路的收/发器有两个作用,一个是实现用户环线传输信号与交换机内工作信号之间的变换和匹配;另一个是实现数字信号的双向传输。

(5) 信令插入。在呼叫建立阶段和消息传输阶段,往往需要发送各种信令。信令的插入一般是利用时分复用技术在专门的信道(TS16)中进行的,因此,信令的插入与分离过程也就是信令和消息的时分复接与分接的过程。

(6) 多路复用器/分路器。交换网络接续的是 64 kbit/s 的数字信道,而用户环线的传输速率根据数字终端的不同可能高于或低于 64 kbit/s。因此,在数字用户电路和交换网络之间,需要插入一个多路复用器/分路器,以便将环线信号分离或合并为若干条 64 kbit/s 的信道。

(7) 当数字终端用户采用 2 线制的用户线与交换机连接时,要采用混合电路进行 2/4 线的变换。在混合电路中有平衡网络,使收、发两端衰减很大。

2.1.4　中继器

市话交换机之间是由中继线连接的。中继线分为传递模拟信号的模拟中继线及传递数字信号的数字中继线。

1. 模拟中继器

模拟中继器是交换机与模拟中继线之间的接口设备,主要完成忙闲控制、信号发送与接收、过压保护、发送与接收电平的调节、各种传输参数的分配、提供调试接口、完成话音信号的 A/D 和 D/A 转换等功能。

由于目前我国中继已基本完成数字化改造,模拟中继也相继退出通信系统,因此这里就不对模拟中继器进行介绍了。

2. 数字中继器

数字中继器是交换机与数字中继线之间的接口设备。数字中继的主要功能如下。

(1) 时钟提取

用于从接收的 PCM 码流中提取发端送来的时钟信息,以便控制帧同步电路,使收端和发端同步。

(2) 码型变换

将线路上传输的 HDB3 码型变成适合数字中继器内逻辑电路工作的 NRZ 码。

(3) 帧同步和复帧同步

• 帧同步:用于从接收的 PCM 码流中获取帧定位信息,以便正确区分出已经被复用在一起的各个话路信息。PCM 的偶数帧 TS_0 时隙中放置的是帧同步码组"0011011",帧同步提取电路从接收 PCM 码流中,识别检测出该帧同步码组,并以该时隙作为一帧的排头,使接收端的帧结构和发送端完全一致,从而保证两个交换机能够同步工作,实现数字信息的正确接收和交换。

• 复帧同步:一个复帧由 16 个 PCM 帧组成,复帧同步就是使接收端的复帧结构和排列与发送端完全一致。

(4) 帧定位

使输入的码流相位和局内的时钟相位同步。

(5) 信令的提取和插入

信令是不进入数字交换网络进行交换的。

当数字中继器采用随路信令方式时,规定用复帧中的第 $1\sim15$ 帧的 TS_{16} 传送 30 个话路的线路信令,各个话路传送 MFC 记发器信令。信令提取,就是将来话线路上通过第 $1\sim$ 15 帧的 TS_{16} 上传送的 30 个话路的线路状态信令接收和分离,并转送给交换机的控制系统。信令插入,就是将交换机控制系统对各个话路状态的控制命令转换成信令数据,并按照话路序号进行组合和插入到对应帧的 TS_{16} 中。

在共路信令方式下,数字中继器中所有话路的状态和用户号码等信令都以数据分组方式进行传送,它可以占用除 TS_0 外的任何时隙。这时,信令提取就是按字节从指定时隙接收信令分组消息并转发给 No.7 信令处理系统,信令插入则执行相反过程。

（6）帧和复帧定位信号插入

因为交换网络输出的信号中不包含帧和复帧的同步信号,故在发送时,应将帧和复帧的同步信号插入,这样就形成了完整的帧和复帧的结构。

2.1.5　信令设备

信令设备是交换机的必要组成部件,主要功能是接收和发送信令。程控数字交换机中主要信令设备如下。

（1）信号音发生器。用于产生各种类型的信号音,如忙音、拨号音、回铃音等。

（2）DTMF 接收器。用于接收用户话机发出的 DTMF 信号。

（3）多频信号发生器和多频信号接收器。用于发送和接收局间的 MFC 信号。

（4）No.7 信令终端。用于完成 No.7 信令的第二级功能。主要功能是收集来自各个接口的信令信号,并转换成适合交换控制系统处理的数据消息格式,或者将控制系统送出的数据消息格式信令转换成适配各个接口操作的形式。

2.1.6　数字交换网络

数字交换网络实质就是对话音在物理电路之间的交换,也就是说在交换网络的入端和出端两条电路之间建立一个实际的连接。为了便于信号的传输和处理,常将 30 或 24 条话路信号复用在一起,即数字信号采用时分复用的方式,每路语音信号占用一个时隙,然后将它们送入交换网络,这样要想对每路信号进行交换,就不能简单地将实际电路交叉连接起来,而是要对每一时隙进行交换。所以说,在数字交换网络中对话音电路的交换实际上是对时隙的交换。

2.2　控制子系统

2.2.1　控制子系统的组成

控制子系统是程控交换机的指挥中心,包括中央处理机、存储器、外围设备和远端接口等部件。其主要任务是根据外部用户与内部维护管理的要求,执行存储程序和各种命令,以控制相应硬件实现交换及管理功能。

1. 中央处理机

中央处理机(CPU)是控制子系统的核心,它要对交换机的各种信息进行处理,并对数字交换网络和公用资源设备进行控制,完成呼叫控制以及系统的监视、故障处理、话务统计、计费处理等。处理机还要完成对各种接口模块的控制,如用户电路的控制、中继模块的控制和信令设备的控制等。处理器通常按其配置与控制工作方式的不同,可分为分级控制和分散控制两类。为了更好地适应软硬件模块化的要求,提高处理能力及增强系统的灵活性与可靠性,目前程控交换系统的分散控制程度日趋提高,已广泛采用部分或完全分布式控制方式。

2. 存储器

存储器是保存程序和数据的设备,可细分为程序存储器、数据存储器等。根据访问方式又可以分为只读存储器(ROM)和随机访问存储器(RAM)等。存储器容量的大小会对系统的处理能力产生影响。

3. 外围设备

外围设备包括计算机系统中所有的外围部件:输入设备包括键盘、鼠标等;输出设备包括显示设备、打印机等,也包括各种外围存储设备,如磁盘、磁带和光盘等。

4. 远端接口

远端接口包括集中维护操作中心(Centralized Maintenance & Operation Center,CMOC)、网管中心、计费中心等的数据传送接口。

2.2.2 控制子系统的控制方式

控制子系统的控制方式主要是指控制子系统中处理机的配置方式,可分为集中控制方式、分级控制方式和全分散控制方式。

1. 集中控制方式

所谓集中控制是指整个交换机的所有控制功能,包括呼叫处理、障碍处理、自动诊断和维护管理等各种功能,都集中由一部处理器来完成。早期的程控交换机或较小容量的交换机都采用这种控制方式。为了保证交换机可靠工作,一般情况下,处理机都采取冗余配置措施,即由两台或更多台处理机组成主备用工作方式,每一台处理机均装配全部相同的软件,完成相同的控制功能,可以访问所有的资源。

这种控制方式的优点是,它的程序是一个整体,调试修改比较方便。但由于中央处理机要处理大量的呼叫信息,又要担负各种测试、故障诊断等维护管理工作,因此一般要配备大型处理机,这在建局初期容量较小时很不经济。

2. 分级控制方式

分级控制方式是指多台处理机按照一定的分工,相互协同工作,完成全部交换的控制功能。例如,有的处理器负责扫描,有的处理器负责话路接续等。

3. 全分散控制方式

在分布式控制方式中,系统划分为多个模块,各个模块中的模块处理机是实现分布式控制的同一级处理机,任何模块处理机之间可独立地进行通信。在各个模块内的模块处理机之下还可设置若干台外围处理机和/或板上控制器,即模块内部可以出现分级控制结构,但从整个系统来看,应属于分布式控制结构。

全分散控制方式的优点包括：

- 在集中控制和分级控制的程控交换机中,当增加待定的新性能(如增开数据通信)时,其软件的改动较大。并且由于新业务的处理,将产生对控制部分的争夺,影响交换机的处理能力。而在全分散控制方式中,增加新性能或新业务时可引入新的组件(如增加数据通信业务时可增加数据业务组件),新组件中带有相应的控制设备,从而对原设备影响不大,甚至没有影响。

- 能方便地引入新技术和新元件,且不必重新设计交换机的整体结构,也不用修改原来的硬件。

- 可靠性高,发生故障时影响面较小,如只影响某一群用户(或中继)或只影响某种性能。

但是,全分散控制方式目前也存在如下一些问题:

- 采用全分散控制时微处理机的数量相对增多,微处理机之间的通信也增加,如果设计不完善,会影响交换机的处理能力,使各处理机真正用于呼叫处理的效率降低,同时也增加了软件编程的复杂性。

- 随着微处理机数量的增加,存储器的总容量也会增加。

2.2.3 处理机的冗余配置

为了提高控制系统的可靠性,保证交换机能够不间断地进行连续工作,常常采用冗余和备份方式配置处理机,这就是所谓的双处理机系统。

双处理机结构有三种工作方式:同步双工工作方式、话务分担工作方式和主/备用工作方式。

1. 同步双工工作方式

同步双工工作方式是由两台处理机,中间加一个比较器组成,如图 2-2 所示。两台处理机合用一个存储器,也可各自配备一个存储器,但要求两个存储器的内容保持一致,应经常核对数据和修改数据。

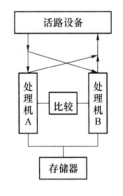

该方式下,两台处理机(一般一台作为主用机,一台作为备用机)同时工作,同时接收信息,处理同样的指令,各自进行同样的分析与处理,正常情况下,通常将主用机的处理结果作为运行结果(备用机的处理结果可作为比较和结果的验证参考),当主用机出现故障时,再将备用机的处理结果作为运行结果。

图 2-2 同步双工工作方式

同步双工工作方式的优点是对故障反应速度快,一旦出现故障能够及时发现,并由备用机立即代替主用机。缺点是对偶然性故障,特别是对软件故障处理不十分理想,有时甚至导致整个服务中断。

2. 话务分担工作方式

话务分担工作方式的两台处理机各自配备一个存储器,在两台处理机之间有互相交换信息的通路和一个禁止设备,如图 2-3 所示。

该方式下,两台处理机(一般不分主用机和备用机)同时工作,但是轮流地接收呼叫,各自分别对一部分话务量进行分担处理。当一台处理机发生故障时,立即由正常机承担起故障机的工作,接收全部话务处理工作。为了使故障机退出时,另一台正常机能够及时地接替,应在两机之间定时交换信息,随时了解对方的处理进展。

话务分担工作方式由于两台处理机不同时执行相同指令,对软件故障的防护性能有所提高。另外由于正常时两台处理机分担话务,处理短时过负荷的能力也比同步双工方式大得多。该方式的缺点是软件比较复杂,对某些硬件故障的解决与处理不像同步双工方式那样易于实现。

3. 主/备用方式

这种方式的两台处理机,一台为主用机,承担全部工作;另一台为备用机,处于等待状态,如图2-4所示。当主用机发生故障时,备用机接替主用机进行工作。

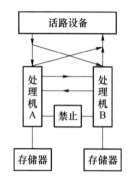 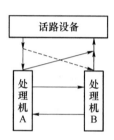

图 2-3　话务分担工作方式　　　　图 2-4　主/备用方式

备用机的工作方式分两种情况,即冷备用和热备用。

冷备用的处理机只是接通电源,但不作任何话务处理。优点是实现比较简单,缺点是在接替主用机工作时,可能丢失一定的话务量。

热备用方式的备用机虽然不作话务处理,但对主用机接受的输入信息及其处理进程与状态要有所了解。这样一来,增加了实现方面的一些复杂性,但具有转换时话务不会丢失的优点。

2.2.4　处理机间的通信

在电路交换机系统中,一个完整的呼叫接续过程的实现,需要多种功能电路和处理程序参与,多处理机控制系统的不同处理机之间要相互通信、共同配合,以控制呼叫接续。由于数字交换机还设有远端用户模块,因而处理机间通信有时也要考虑较远距离的通信。

处理机间的通信方式和交换机控制系统的结构有紧密联系,既要考虑设备的复杂性,也要考虑通信的效率。当前在程控数字交换系统中多处理机之间通信主要采用下列几种通信方式。

1. 利用 PCM 信道进行消息通信

在数字通信网中,TS_{16}用来传输局间信令,PCM 传输线上的信息在到达交换局以后,中继器提取 TS_{16} 的信令消息,进行处理。在交换机内部,PCM 时分复用线上的 TS_{16} 是空闲的,可以用作处理机间的通信信道。这种通信方式不需要增加额外的硬件,软件的费用也小,但通信的信息量小,速度慢。还可以通过数字交换网络的任一话音信道传送。

2. 采用计算机网络常用的通信结构方式

计算机网络常用的通信结构方式有总线结构、环形结构等。当分散的控制系统中的多处理机处于平级关系时，可以采用环形结构互连，每台处理机相当于环内的一个节点，和环通过环接口连接。

3. 以太网通信总线结构

当前大部分微处理器均具有以太网接口，并且在嵌入式操作系统中均包含适配于以太网数据传输的协议栈，编程容易，因此在现代交换系统设计中，内部处理机间通信大量采用这种通信方式。在采用以太网通信结构时，需要注意的是以太网协议栈基于 TCP/IP 协议模型，适合大块数据的可靠传输，而处理机间通信多为长度较短的消息，传输迟延较大，需采用改进型的 UDP 协议相互通信。

2.3　数字交换网络

从交换机的内部连接功能来看，交换的基本功能就是在任意的接口之间建立连接，这种建立连接的功能是由交换系统内部的交换网络完成的；从交换网络的内部连接功能来看，交换就是在交换网络的入线和出线之间建立连接。因此，在交换系统中交换网络就是完成这一基本功能的部件，它是交换系统的核心。

按照交换网络所能交换的信息类型，可将交换网络分为数字交换网络和模拟交换网络。数字交换网络可以交换数字信号，模拟交换网络可以交换模拟信号。由于现在程控交换机都是数字交换机，内部交换和处理的都是数字信号，所以本节主要介绍数字交换网络，包括基本交换单元电路的组织结构和工作原理，以及利用基本交换单元构成大型数字交换网络的技术和工作原理。在介绍数字交换网络之前，有必要先介绍数字交换的一些基本知识。

2.3.1　数字交换原理

1. 语音信号的数字化

语音信号的数字化是模拟话音信号进行数字传输、数字交换的前提和基础，是语音信号进入数字交换网络之前完成的工作，通常由用户电路来完成。语音信号数字化要经过抽样、量化和编码 3 个过程，如图 2-5 所示。

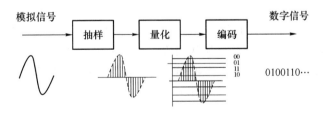

图 2-5　语音信号数字化过程

（1）抽样

抽样是通过抽样脉冲按一定周期去控制抽样器的开关电路，取出模拟信号的瞬时电压值,从而将连续的原始语音信号变成间隔相等但幅度不等的离散电压值,这些样值序列的包络线仍与原模拟信号波形相似,如图 2-6 所示。

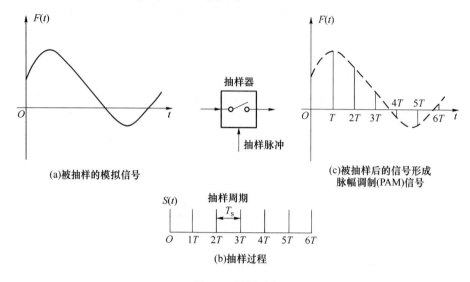

(a)被抽样的模拟信号

(b)抽样过程

(c)被抽样后的信号形成脉幅调制(PAM)信号

图 2-6　抽样过程

抽样定理表明:一个频带限制在 $(0,f_H)$ 内的时间连续信号 $m(t)$,如果以 $T_S \leqslant 1/(2f_H)$ 秒的间隔对它进行等间隔抽样,则 $m(t)$ 将被所得到的抽样值完全确定。也就是说,要从样值序列无失真地恢复原时间连续信号,其抽样频率 f_S 必须满足 $f_S \geqslant 2f_H$。

语音信号的频率为 300～3 400 Hz,其最高频率为 3 400 Hz,满足抽样定理的最低抽样频率为 6 800 Hz,为了留有一定的防卫带,原 CCITT 规定语音信号的抽样频率为 8 kHz,则抽样周期为 125 μs。

(2) 量化

语音信号进行抽样后,其抽样值还是随信号幅度连续变化。当这些连续变化的抽样值通过噪声信道传输时,接收端不能准确地估计所发送的抽样。如果发送端用预先规定的有限个电平来表示抽样值,且电平间隔比干扰噪声大,则接收端将有可能准确地估值所发送的抽样。

利用预先规定的有限个电平来表示模拟抽样值的过程称为量化。把无限多种幅值量化成有限的值必然会产生误差,这个误差是由量化引起的,称为量化误差。

量化可分为均匀量化和非均匀量化两种,实际应用中主要采用的是非均匀量化。

(3) 编码

编码是按照一定规律将量化后的样值信号按幅度大小转换成二进制码,从而形成 PCM 信号。实际应用中,通常用 8 位二进制代码表示一个量化样值。

PCM 信号在信道中是以每路一个抽样值为单位传输的,因此单路 PCM 信号的传输速率为 8×8 000＝64 kbit/s。速率为 64 kbit/s 的 PCM 信号称为基带信号,是程控数字交换机的基本交换单位。

2. 时分多路复用

为了提高线路的利用率,使多个信号沿同一信道传输而互不干扰的通信方式,称为多路复用。有线通信中的多路复用技术主要有频分复用(FDM)和时分复用(TDM),如图 2-7 所示。

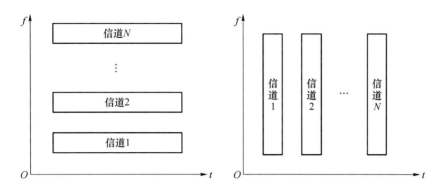

图 2-7 频分复用和时分复用方式

频分复用是将所给的信道带宽分割成互不重叠的许多小的频率区间,利用每个频率区间传输一路语音信号,一般情况下,可以通过正弦波调制的方法实现频分复用。频分复用的多路信号在频率上不会重叠,但在时间上是重叠的。

时分复用是建立在抽样定理基础上的。抽样定理使连续(模拟)的基带信号有可能被在时间上离散出现的抽样脉冲值所代替。这样,当抽样脉冲占据较短时间时,在抽样脉冲之间就留出了时间空隙,利用这种空隙便可以传输其他信号的抽样值。因此,利用一条信道就可以同时传送若干个语音的基带信号。

目前,程控数字交换机采用的多路复用技术为时分复用。

下面介绍 PCM 时分多路复用。

图 2-8 表示一个只有 3 路 PCM 复用的原理图。图中,发端和收端各有一个高速转换开关,两者的旋转速度相同(1 秒钟 8 000 圈)。3 路信号首先通过相应的低通滤波器,将频带限制在 3 400 Hz 以下,然后再送到高速转换开关(抽样开关),转换开关每 125 μs 将 3 路信号依次抽样一次,这样,3 个抽样值按先后顺序依次纳入到抽样间隔 125 μs 之内,经过量化、编码后,合成多路复用信号送入信道传输。

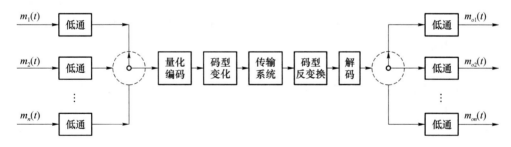

图 2-8 PCM 时分复用的原理

接收端将 3 路信码进行统一解码,还原后的信号由分路开关依次接通各分路,在各分路中经过低通将重建的话音信号送往收端用户。需要注意的是,发送端的转换开关和接收端的分路开关必须同步,否则将造成错收。

对于每一个话路来说,每次抽样值经过量化以后编成 8 位二进制码组,其所占的时间间隙称为路时隙,简称时隙(Time Slot,TS)。所有用户单次抽样的时隙总时间称为一帧。

下面介绍 PCM30/32 路的帧结构。

对于多路数字电话系统，国际上有两种标准化制式，即 PCM30/32 路（A 律压扩特性）制式和 PCM24 路（μ 律压扩特性）制式。并规定国际通信时，以 A 律压扩特性为准，凡是两种制式的转换，其设备接口均由采用 μ 律特性的国家负责解决。

我国规定采用 A 律压扩特性的 PCM30/32 路制式，PCM30/32 的含义是整个系统共分为 32 个时隙，其中 30 个时隙分别用来传送 30 路话音信号，一个时隙用来传送帧同步码，另一个时隙用来传送信令码，其帧结构如图 2-9 所示。

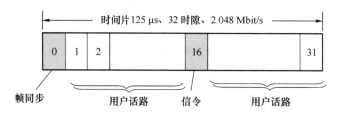

图 2-9　PCM30/32 路的帧结构

其各时隙安排如下。

- $TS_1 \sim TS_{15}$：传送 $CH_1 \sim CH_{15}$ 路话音信号。
- $TS_{17} \sim TS_{31}$：传送 $CH_{16} \sim CH_{30}$ 路话音信号。
- TS_0：帧同步时隙。其中偶帧 TS_0 用来传送帧同步码，奇帧 TS_0 用来传送帧失步对告码、监视码等。
- TS_{16}：信令信息传送时隙。

从图 2-10 中可以看出，PCM30/32 的帧周期为 125 μs（抽样频率 8 kHz），每帧 32 个时隙，每个时隙占用的时长为 125 μs/32＝3.9 μs，包含 8 bit，则 PCM30/32 路系统的传输速率为 8 000×32×8＝2 048 kbit/s。

为了更好地利用信令信道，PCM 采用了复帧结构传输。一个复帧由 16 个 PCM 帧（$F_0 \sim F_{15}$）组成，占用时间为 125 μs×16＝2 ms。用 16 帧中第一帧（F_0）的 TS_{16} 传输复帧同步码，其他 15 帧（$F_1 \sim F_{15}$）的 TS_{16} 分别传输 30 路话路的信令，每个话路的信令采用 4 bit 传输。

3. 数字交换

数字交换是通过时隙交换来实现的。在程控数字交换机中，用户信息固定在某个时隙里传送，一个时隙就对应一条话路，各用户信息都是按照各个时隙的位置在系统中顺序传送的。图 2-11 中 A 用户占据的是 $HW_1 TS_2$ 时隙，则 A 用户的话音信息就将每隔 125 μs 在 $HW_1 TS_2$ 时隙内以数字信号的方式向交换网络传递一次。由交换网络传送给 A 用户的话音信息也将每隔 125 μs 在 $HW_1 TS_2$ 时隙内送给 A 用户，即 $HW_1 TS_2$ 时隙是固定给 A 用户使用的话路，无论是发话还是受话，均使用这个 $HW_1 TS_2$ 时隙的时间。当两个用户要互相通话时，由交换网络在二者之间建立一条物理电路完成信息的交换，由于它们占用不同的时隙，所以在交换网络中对话音电路的交换实际上是对时隙的交换。

交换网络是由若干个交换单元按照一定的拓扑结构和控制方式构成的，也就是说交换单元是构成交换网络的最基本的部件。数字交换网络的基本交换单元有时间接线器和空间接线器。电路交换是同步交换，因此构成电路交换网络的基本交换单元也必须是同步交换的。

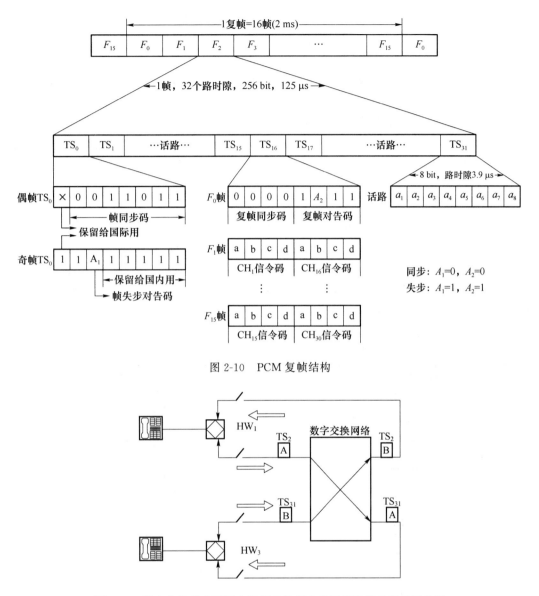

图 2-10　PCM 复帧结构

图 2-11　数字交换机中两用户通话经数字交换网络连接的简化示意图

2.3.2　时间接线器

时间接线器(Time Switch)简称 T 接线器,其功能是完成同一时分复用线上不同时隙的信息交换,即把某一时分复用线中的某一时隙的信息交换至另一时隙。

1. T 接线器的基本组成

T 接线器由话音存储器(Speech Memory,SM)和控制存储器(Control Memory,CM)两部分组成。

话音存储器:用于暂存经过 PCM 编码的数字化话音信息,每个话路时隙为 8 bit,因此话音存储器的每个单元固定为 8 bit。话音存储器的存储单元数应等于输入复用线上每帧的时隙数。假定输入复用线上有128个时隙,则话音存储器要有128个单元。

控制存储器:用于控制话音存储器信息的写入或读出。CM 的存储单元数等于 SM 的存储单元数;CM 每个单元所存储的是 SM 的地址码(即单元号),由处理机控制写入,并按顺序读出,以实现所需的时隙交换。CM 每个单元的比特数取决于话音存储器的单元数,也就是取决于复用线上的时隙数。

2. T 接线器的工作方式及工作原理

T 接线器的工作方式有两种:一种是"顺序写入,控制读出",简称输出控制;另一种是"控制写入,顺序读出",简称输入控制。顺序写入或读出是由时钟控制的,控制读出或写入则由 CM 控制完成。

(1) 输出控制方式

各个输入时隙的信息在时钟控制下,依次写入 SM 的各个单元,TS_1 的内容写入第 1 个存储单元,TS_2 的内容写入第 2 个存储单元,依此类推;在输出时,CM 在时钟控制下依次读出自己各单元内容,如图 2-12(a)所示,在读至 CM 的第 10 单元时,其内容 17 用于控制在输出 TS_{10} 时读出 SM 的第 17 单元的内容,在读至 CM 的第 17 单元时,其内容 10 用于控制在输出 TS_{17} 时读出 SM 的第 10 单元的内容,从而完成了所需的时隙交换。

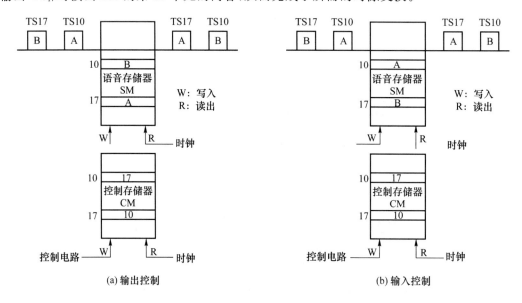

图 2-12 T 接线器工作方式

(2) 输入控制方式

各个输入时隙的信息在进入 SM 时,不再是按顺序写入,而是在时钟的控制下根据 CM 中存放的地址号码写入 SM 相应的单元中,读出则是在定时脉冲的控制下顺序读出。在图 2-12(b)中,若要将 TS_{10} 的话音编码信息交换到 TS_{17} 中去,则根据这一接续要求,应该在 CM 的第 10 号单元中存入控制信息数据"17"。如此可以做到时隙 TS_{10} 到达时读出 CM 第 10 号单元中的信息,从而对应地把信息写到 SM 第 17 号单元中。由于是顺序读出,故在第 17 时隙读出话音存储器第 17 单元的内容,从而完成了第 10 个输入时隙内容交换到第 17 个输出时隙。

2.3.3　空间接线器

空间接线器(Space Switch)简称 S 接线器,其功能是完成不同时分复用线之间同一时隙内容的交换,即将某条输入复用线上某个时隙的内容交换到指定的输出复用线的同一时隙。

1. S 接线器的基本组成

S 接线器由电子交叉点矩阵和控制存储器构成。

电子交叉点矩阵:$M \times N$ 的电子交叉点矩阵有 M 条输入时分复用线和 N 条输出时分复用线,每条时分复用线上有若干个时隙。输入复用线和输出复用线的交叉点的闭合在某个时隙内完成;在同一线上的若干个交叉点不会在同一时隙内闭合。各个交叉点在哪些时隙应闭合,在哪些时隙应断开,取决于处理机通过控制存储器所完成的选择功能。

控制存储器:用来控制交叉接点在某一时隙的接通,其数量等于入(出)线数。每个 CM 所含有的存储单元个数等于入(出)线上的复用时隙数,如交叉矩阵是 8×8,每条复用线有 128 个时隙,则应有 8 个控制存储器,每个存储器有 128 个存储单元。每个存储单元为 n 位 bit,且满足 $N \leqslant 2^n$,其中 N 为入(出)线数。

2. S 接线器的控制方式及工作原理

根据控制存储器是控制输出线上还是控制输入线上交叉接点的闭合,可分为输出控制方式和输入控制方式两种。

S 接线器已基本不用。

目前现网中应用较多的数字交换网络有单 T 级交换网络、TT 级交换网络及 TTT 级交换网络。

2.3.4　单 T 级交换网络

随着数字交换机的发展,出现了各种用于组成数字交换网络的集成芯片。芯片的容量从最早 128×128 时隙、256×256 时隙逐渐发展到 $16k \times 16k$ 时隙甚至更大。从交换网络的结构来看,S 接线器集成度较低,所以当前主要采用 T 接线器集成芯片组成数字交换网络。

图 2-13 为一个 256×256 时隙数字接线器芯片的内部结构原理。在输入端"串/并"变换电路将串行信号变成并行信号,然后进入话音存储器进行交换;在输出端"并/串"变换电路将其复原成串行码,然后输出。

串/并变换电路将输入时分复用线上到达的串行码流按照时隙分割变换为 8 位的八线并行码,如图 2-14 所示,然后经合路器把 8 个 PCM(一个 PCM 称为一个 HW)的并行码,按一定的次序进行排列,一个一个地送到话音存储器。这样做的目的是便于对存储器的操作与提高读写速度。需要注意的是,经过串/并变换后,线速降低到原来串行码的 1/8,但时隙间隔时间保持不变(仍约为 3.9μs)。

2.3.5　TTT 交换网络

通过多个 T 单元的复接,可以扩展 T 接线器的容量。如利用 16 个 256×256 的 T 接线器,可以得到一个 $1\,024 \times 1\,024$ 的 T 接线器。但由于采用这种方式扩展单级 T 交换网络所

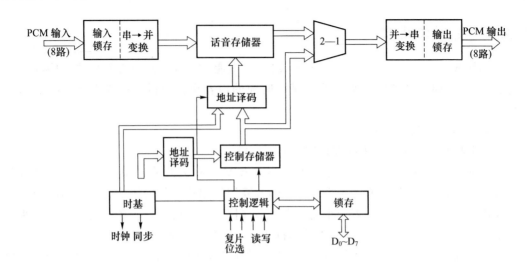

图 2-13 256×256 时隙数字接线器芯片内部结构

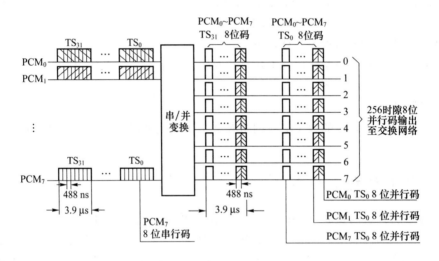

图 2-14 串/并变换

需 T 单元电路的数量按照(扩展的容量/单个 T 单元的容量)^2 增长,所以当交换网络容量很大时,就不经济了,这时可采用 TTT 三级网络。

TTT 三级交换网络的结构如图 2-15 所示。它是由输入 TA 级,中间 TC 级和输出 TB 级三级组成,输入端和输出端各有 128 条 HW(HW$_0$ ～ HW$_{127}$)。T 接线器的容量均采用 256 个单元话音存储器和控制存储器,TA 级和 TC 级是采用输出控制方式,TB 级是采用输入控制方式。TA 级和 TB 级各有 16 个 T 接线器(TA$_0$～TA$_{15}$、TB$_0$～TB$_{15}$),中间 TC 级有 8 个 T 接线器(TC$_0$～TC$_7$)。每个输入/输出 HW 有 32 个时隙,128 个 HW 共有 128×32=4 096 个时隙。设 A 用户在这次呼叫中占用 HW$_0$ 的 TS$_8$,B 用户占用 HW$_{127}$ 的 TS$_{31}$,图中给出了这两个用户通过 TTT 交换网络交换信息的过程。A→B 方向的内部链路选定 TS$_{80}$ 和 TS$_{111}$,B→A 方向的内部链路选定 TS$_{79}$ 和 TS$_{112}$。

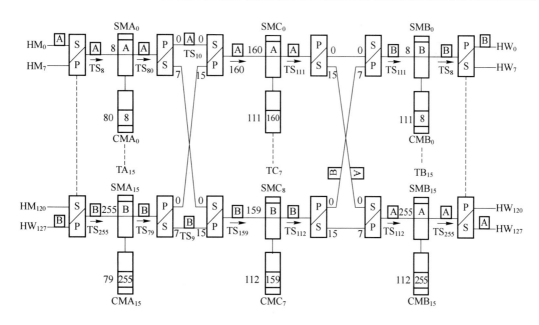

图 2-15 TTT 三级交换网络的结构

2.4 No.7 信令

2.4.1 信令的基本概念和分类

对于任何通信系统来讲,系统不仅要传送数据,而且为了使设备之间能够正确发送、接收数据,还应传输一定的控制信号。比如,我们在打电话时,当拿起送/受话器,话机便向交换机发出了摘机信息,紧接着我们就会听到一种连续的"嗡嗡"声,这是交换机发出的,告诉我们可以拨号的信息。当拨通对方后,又会听到"哒—哒—"的呼叫对方的声音,这是交换机发出的,告诉我们正在呼叫对方接电话的信息……

这里所说的摘机信息、允许拨号的信息、呼叫对方的回铃信息等,主要用于建立双方的通信关系,我们把用以建立、维持、解除通信关系的这类信息称为信令。

下面以市话网中两分局用户电话接续时信令传送的为例(见图 2-16),说明信令在一次通信过程中所起的作用。

当主叫用户摘机时,用户线直流环路接通,向发端交换机送出"主叫摘机"的信令,发端交换机收到"主叫摘机"信令后,检查主叫用户的用户数据,根据用户话机的类型将主叫用户线接到相应的收号设备上,然后向主叫用户发送拨号音,通知用户拨号。主叫用户收到拨号音后就可以拨被叫用户号码。发端交换机收到一定位数的电话号码后进行数字分析。当确定这是一个出局呼叫时,就选择一条到终端交换机的空闲中继线,在这条中继线上向对端交换机发出"占用"信令。对端交换机收到"占用"信令后,就将该条中继线连接到收号设备,并发出"占用证实"信令,通知发端交换机发送被叫号码。发端交换机收到"占用证实"信令后,

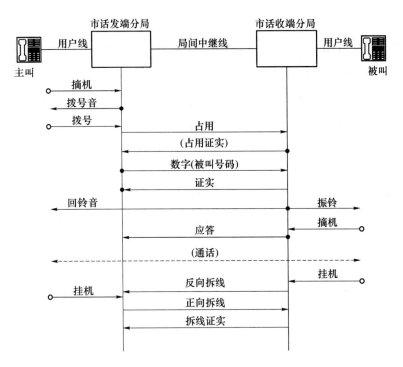

图 2-16　市话网中两分局用户接续示例

就将被叫号码发送给终端交换机。终端交换机收到被叫号码后,检查被叫用户状态。当发现被叫用户空闲时,就向被叫用户发送振铃信号,同时给主叫用户送回铃音。当被叫用户摘机应答后,将应答信号送给终端交换机,并由终端交换机将应答信号转发给发端交换机,双方进入通话状态。

假设被叫用户先挂机。当终端交换机发现被叫挂机后,就向发端交换机发送"反向拆线"信号;当主叫挂机后,发端交换机向终端交换机发送"前向拆线"信号,终端交换机回送拆线证实信令(释放监护信令),该条中继线重新变为空闲状态。

从以上过程可看出,信令在通信链路的连接建立、通信和释放阶段起着重要的指导作用,用户终端设备与交换机之间、交换机与交换机之间要相互发送信令信息,用来说明本身的工作状态及向对端发出接续请求。如果没有这些信令,人和机器都将不知所措,出现混乱状态。

信令的传送要遵守一定的规约和规定,这就是信令方式。它包括信令的结构形式,信令在多段路由上的传送控制方式。选择合适的信令方式,关系到整个通信网通信质量的好坏和投资成本的高低。

为了完成特定的信令方式,所使用的通信设备的全体称为信令系统。由于在通信网中信令系统对实现一个通信业务的操作过程起着相当重要的指导作用,所以人们也常将其比作通信网的神经系统。

电话网中的信令,有四种分类方式。

1. 按信令的传送区域划分

按信令的传送区域划分,可将信令分为用户线信令和局间信令。

(1) 用户线信令:是用户话机和交换机之间传送的信令。根据用户线上传送信号的形式有如下几种。

· 模拟用户线信令。在模拟用户线上传送的信令,包括终端向交换机发送的状态信令和地址信令,如摘/挂机状态信令和被叫电话号码等;交换机向用户终端发送的通知信令,主要有用于来话提示的铃流和表征交换机服务进展情况的若干音信号。

· 数字用户线信令。在数字用户线上传送的信令,目前主要有在 N-ISDN 中使用的 DSS1 信令和在 B-ISDN 中使用的 DSS2 信令,它们比模拟信令传送的信息多。

（2）局间信令:是交换机之间,或交换机与网管中心、数据库之间传送的信令。局间信令主要完成网络的节点设备之间连接链路的建立、监视和释放控制,网络服务性能的监控、测试等功能,比用户线信令要复杂得多。

2. 按信令信道与话音信道的关系划分

按信令信道与话音信道的关系划分,可将信令分为随路信令和公共信道信令。

（1）随路信令:指用传送话路的通路传送与该话路有关的各种信令,或指传送信令的通路与话路之间有固定的关系。以传统电话网为例,当有一个呼叫到来时,交换机先为该呼叫选择一条到下一交换机的空闲话路,然后在这条空闲的话路上传递信令,当端到端的连接建立成功后,再在该话路上传递用户的话音信号。

随路信令的缺点是传送速度慢,信息容量有限（传递与呼叫无关的信令的能力有限）。目前我国采用的随路信令称为中国 1 号信令系统。

（2）公共信道信令:指传送信令的通道和传送话音的通道在逻辑上或物理上是完全分开的,有单独传送信令的通道,在一条双向信令通道上,可传送上千条电路信令消息。以电话呼叫为例,当一个呼叫到来时,交换节点先在专门的信令信道上传递信令,端到端的连接建立成功后,再在选好的话路上传递话音信号。

与随路信令相比,公共信道信令具有以下优点。

· 信令系统独立于业务网,具有改变和增加信令而不影响现有业务网服务的灵活性。

· 信令信道与用户业务信道分离,使得在通信的任意阶段均可传输和处理信令,可以方便地支持各类信息交互、智能新业务等。

· 便于实现信令系统的集中维护管理,降低信令系统的成本和维护开销。

由于公共信道信令具有这些优越性,因此在目前的数字电话通信网、智能网、移动通信网、帧中继网、ATM 网上均采用公共信道信令方式。目前用在面向连接网络上的标准化公共信道信令系统称为 No.7 信令系统。

3. 按信令的功能划分

按其所完成的功能划分,可将信令分为有线路信令、地址信令和维护管理信令。

（1）线路信令:又称为监视信令,用来检测或改变中继线的呼叫状态和条件,以控制接续的进行。

（2）地址信令:又称为选择信令,主要用来传送被叫（或主叫）的电话号码,供交换机选择路由、选择被叫用户。

（3）维护管理信令:用于信令网的管理,包括网络拥塞、资源调配、故障告警及计费信息等。

4. 按信令的传送方向划分

按信令的传送方向可分为前向信令和后向信令。前向信令指信令沿着从主叫到被叫的方向传送。后向信令指信令沿着从被叫到主叫的方向传送。

2.4.2 No.7 信令方式总体结构

No.7 信令方式的基本目标是:采用与话路分离的公共信道形式,透明地传送各种用户(交换局)所需的业务信令和其他形式的信息,满足特种业务网和多种业务网的需要。

1. No.7 信令功能级的划分

No.7 信令从功能上可分为公用的消息传递部分(Message Transfer Part,MTP)和适合不同用户的独立的用户部分(User Part,UP),如图 2-17 所示。

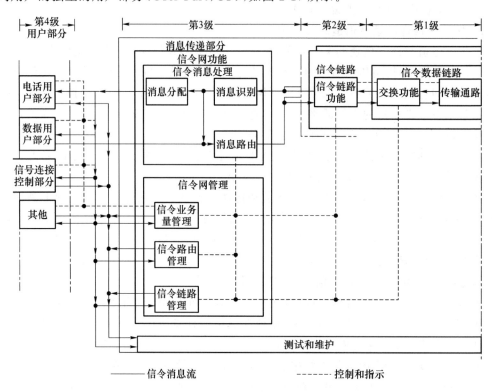

图 2-17 No.7 信令的四级结构

消息传递部分的功能是作为一个公共传递系统,在相对应的两个用户部分之间可靠地传送信令消息,并在系统和信令网故障情况下,具有为保证可靠的信息传送而做出响应并采取必要措施的能力。MTP 由信令数据链路功能(MTP1)、信令链路功能(MTP2)和信令网功能(MTP3)3 个功能级组成。UP 可以是电话用户部分(TUP)、数据用户部分(DUP)和ISDN 用户部分(ISUP)等。

(1) No.7 信令的四级结构

第 1 级为信令数据链路功能级,规定了信令链路物理电气特性及接入方法,为信令传输提供一条 64 kbit/s 的双向数据通路。

第 2 级为信令链路功能级,它规定了在一条信令链路上传送信令消息的功能及相应程序,其主要功能包括信号单元的定界和定位、差错检验和纠错以及流量控制等。

第 3 级为信令网功能级,又可分为信令消息处理和信令网管理功能两部分,用于将信息正确地传送到相应的信令链路或用户部分;故障情况下,规定了在信令点之间传送管理消息的功能和程序,以保证可靠地传递信号消息。

• 信令消息处理:负责 No.7 信令消息的接收分配和选路发送,包括消息路由、消息识别和消息分配 3 个部分。

• 信令网管理功能:在信令网发生异常的情况下,根据预定数据和网络状态信息调整消息路由和信令网设备配置,以保证消息的正常传送,包括信令业务量管理、信令链路管理和信令路由管理 3 个部分。

第 4 级用户部分,定义了通信网的各类用户(或业务)所需要的信令及其编码形式。根据终端的不同,UP 可以是 TUP、DUP 和 ISUP 等。

（2）No.7 信令的 OSI 分层结构

No.7 信令采用分组方式的消息单元来传送基于电路交换的通信网设备之间建立链路连接的监控和管理命令,现代网络设备的监控和管理都是采用计算机编程来实现。因此,No.7 信令消息的交互和传送可看成是计算机之间的分组数据通信。在计算机数据通信过程中,为了满足多厂商异构设备间的正常通信,国际标准化组织(ISO)制定了开放系统互连参考模型(OSI 七层模型)。采用分层的通信体系结构的基本思想如下。

• 将通信功能划分为若干层次,每一个层次完成一部分功能,每一个层次可单独进行开发和测试。

• 每一层只和直接相邻的两层打交道,它利用下一层所提供的功能(并不需要知道它的下一层是如何实现的,仅需该层通过层间接口所提供的功能),向高一层提供本层所能完成的服务。

• 每一层是独立的,各层都可以采用最适合的技术来实现,当某层由于技术的进步发生变化时,只要接口关系保持不变,则其他各层不受影响。

No.7 信令参照 OSI 七层模型的结构如图 2-18 所示。第 1 级信令数据链路功能级,对应于 OSI 模型的物理层。第 2 级信令链路功能级,对应于 OSI 模型的数据链路层。第 3 级信令网功能级,对应于 OSI 模型的网络层的部分功能。

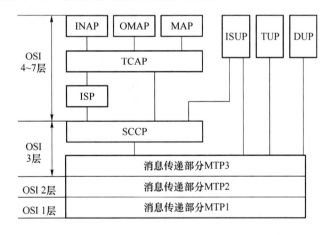

图 2-18　No.7 信令参照 OSI 七层模型的结构

与图 2-17 所示的四级结构比较,新结构增加了信令连接控制部分(SCCP)、事务处理能力应用部分(TCAP)以及和具体业务有关的各种应用部分。现已定义的应用部分有智能网应用部分(INAP)、移动应用部分(MAP)和 No.7 信令网的维护管理应用部分(OMAP)。

SCCP 用来增强消息传递部分 MTP 的功能。SCCP 通过提供全局码翻译增强了 MTP 的寻址选路功能,从而使 No.7 信令系统能在全球范围内传送与电路无关的端到端消息,同时 SCCP 还使 No.7 信令系统增加了面向连接的消息传送方式。SCCP 与原来的第三级相结合,提供了 OSI 模型中的网络层功能。

TCAP 定义了位于不同信令点的应用之间通过 SCCP 服务进行通信所需的信令消息和协议。其定义了在无连接环境下供智能网应用、移动通信应用、维护管理应用程序在一个节点调用另一个节点的程序,执行该程序并将执行结果返回到调用节点。

INAP 用来在业务交换点 SSP、业务控制点 SCP 和智能外设 IP 之间传送与智能业务有关的各种操作,支持完成各种智能业务。

MAP 用来在移动交换中心 MSC、来访位置登记器 VLR、原籍位置登记器 HLR、设备识别寄存器 EIR 等网络节点之间传送各种与电路无关的数据和指令,支持完成移动台自动漫游、越区切换等功能。

OMAP 是通信网络的维护管理信令应用部分,用来支持对 No.7 信令网中的各网络节点进行集中维护管理。

2. No.7 信令单元

在 No.7 信令系统中,所有信令消息都是以可变长度的信令单元(SU)的形式在信令网中传送和交换。No.7 信令协议定义了 3 种信令单元类型:消息信令单元(Message Signal Units,MSU)、链路状态信令单元(Link Status Signal Units,LSSU)和填充信令单元(Fill In Signal Units,FISU),其格式如图 2-19 所示。

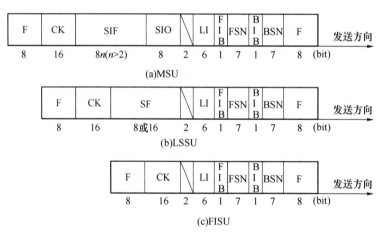

图 2-19　信令单元格式

其中由用户产生的可变长的 MSU,用于传送来自第四级的用户级的信令消息或信令网管理消息。来自第 3 级的 LSSU,用于链路启用或链路故障时,表示链路的状态。来自第 2 级的 FISU,用于链路空或链路拥塞时来填补位置。

信令单元中各个字段的意义如下。

(1) 标志码(F):用于信令单元的定界,由码组 01111110 构成。位于两个 F 之间的就是一个完整的 No.7 信令消息。

（2）后向序号（BSN）、后向指示比特（BIB）、前向序号（FSN）、前向指示比特（FIB）：用于基本差错校正法中，完成信令单元的顺序控制、证实、重发功能。其中 FSN 表示正在发送的信令单元的序号；BSN 表示已正确接收的对端发来的信令单元的序号，用于肯定证实；BIB 占一个比特，当其翻转时（0→1 或 1→0），表示要求对端重发；FIB 也占一个比特，当其翻转时表示正在开始重发。

（3）长度指示码（LI）：指示 LI 和 CK 间的字节数，用于区分 3 种信令单元，即 LI＝0 为 FISU，LI＝1 或 2 为 LSSU，L1＞2 为 MSU。

（4）检错码（CK）：采用 16 位循环冗余码，用以检测信号单元在传输过程中可能产生的差错。

（5）状态字段（SF）：仅用于 LSSU，指示信令链路的状态，由 MTP 第 2 级生成和处理。

（6）业务信息 8 位位组（SIO）：只用于 MSU，用于指示消息的业务类别以及信令网类别，MTP 第 3 级据此分配消息。

SIO 又分为两个子字段：业务指示码（SI）和子业务字段（SSF），各占 4 bit，SIO 的编码含义如图 2-20 所示。

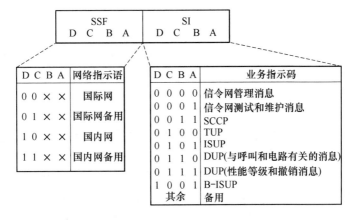

图 2-20　SIO 字段

（7）信令信息字段（SIF）：该字段就是应用层或网络管理功能实际要发送的信息本体，长度为 2～272 B。由于 LI 字段仅分配 6 bit，因此规定凡 SIF＋SIO 的长度等于或大于 63 B 时，LI 的值均置为 63。由于 MTP 采用数据报方式来传送消息，消息在信令网中传送时全靠自身所带的地址来寻找路由。因此，在信令信息字段 SIF 中带有一个路由标记，结构为目的地信令点编码 DPC＋源信令点编码 OPC＋链路选择码 SLS。DPC 和 OPC 分别表示消息的发源地的信令点和目的地信令点，国际标准规定 DPC 和 OPC 各用 14 bit 进行编码，我国标准规定各用 24 bit 编码，SLS 用来选择信令链路，占用 4 bit。

2.4.3　No.7 信令系统

1．No.7 信令系统的特点和功能

No.7 信令系统作为一种国际化的、标准化的通用公共信道信令系统，其基本特点是：

· 最适合由数字程控交换机和数字传输设备所组成的综合数字网；

· 能满足现在及将来在通信网中传送呼叫控制、遥控、维护管理信令及处理机之间事

务处理信息的要求;

- 提供了可靠的方法,使信令按正确的顺序传送又不致丢失或重复。

No.7 信令系统不但可以在电话网、电路交换的数据通信网和综合业务数字网中传送有关呼叫建立、释放的信令,而且可以为交换局和各种特种服务中心(如业务控制点、网管中心等)间传送数据信息。其主要功能如下:

- 传送电话网的局间信令;
- 传送电路交换数据网的局间信令;
- 传送综合业务数字网的局间信令;
- 在各种运行、管理和维护中心传递有关信息;
- 在业务交换点和业务控制点之间传送各种数据信息,支持各种类型智能业务;
- 传送移动通信网中与用户移动有关的各种控制信息。

2. 我国 No.7 信令网的结构

No.7 信令由于采用独立信令链路来传信令,它与话路完全独立,其逻辑上独立于电话网,专门用以传送信令。这些信令链路构成独立专门传信令的网,这样就构成 No.7 网,它是一支撑网。

No.7 信令网是具有多种功能的业务支撑网,它不仅可用于电话网和电路交换的数据网,还可用于 ISDN 网和智能网,可以传送与电路无关的各种数据信息,实现网路的运行管理维护和开放各种补充业务。No.7 信令网本质上是载送其他消息的数据传送系统,是一个专用的分组交换数据网。

(1) No.7 信令网的组成

No.7 信令网由信令点 SP、信令转接点 STP 和信令链路 3 部分组成。

信令点(SP)是信令消息的起源点和目的点,它可以是具有 No.7 信令功能的各种交换局(如电话交换局、数据交换局、ISDN 交换局),也可以是各种特服中心(如网管中心、维护中心、业务交换点等)。信令点由 No.7 信令系统中的 MTP 和 UP 组成,用于程控交换局局间信令的传递和处理,控制电话网或 ISDN 网中呼叫的建立和释放。

信令转接点(STP)具有信令转发功能,它可将信令消息从一条信令链路转发到另一条信令链路上。STP 可分为独立的信令转接点和综合的信令转接点两种。其中独立信令转接点只具有信令消息的转接功能,一般为高度可靠的分组交换机,容量大、易于维护。具有 No.7 信令系统中的 MTP 功能;综合信令转接点与交换局合并在一起,具有 No.7 信令系统中的 MTP 和 UP 功能,容量较小,与独立的 STP 相比可靠性不高。

信令链路是信令网中连接信令点的最基本部件,它由 No.7 信令功能的一、二级组成。数字信令链路速率主要为 64 kbit/s,当业务量较大时也采用 2 Mbit/s 的信令链路。

(2) No.7 信令工作方式

在电信网中,使用 No.7 信令系统时,根据通话电路和信令链路的关系,可采用下述两种工作方式。

直联工作方式:两个交换局之间的信令消息通过一段直达的公共信道信令链路来传送,而且该信令链路是专为连接这两个交换局的电路群服务的。

准直联工作方式:两个交换局之间的信令消息通过两个或两个以上串接的公共信令链路来传送,并且只允许通过预定的路径和信号转接点。

（3）我国 No.7 信令网的结构

我国采用 3 级信令网结构如图 2-21 所示。第 1 级为高级信令转接点（HSTP），负责转接它所汇接的 LSTP 和 SP 的信令消息。HSTP 间采用二个平行的 A、B 平面网，A、B 平面内部的各个 HSTP 间分别为网状相连。A、B 平面之间成对的 HSTP 间相连。

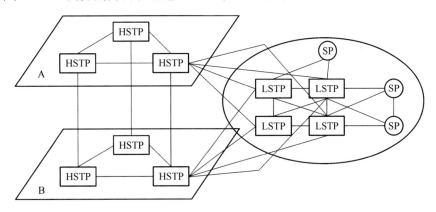

图 2-21　我国 No.7 信令网的结构

第 2 级为低级信令转接点（LSTP），负责转接它所汇接的 SP 的信令消息。每个 LSTP 通过信令链路至少要分别连接至 A、B 平面内成对的 HSTP，LSTP 至 A、B 平面两个 HSTP 的信令链路组间采用负荷分担方式工作。

第 3 级为信令点（SP），是信令网传送各种信令消息的起源点或目的地点，包括电话交换局，ISDN 交换局，业务交换点 SSP，业务控制点 SCP 等。每个 SP 至少连至两个 STP（HSTP、LSTP），若连至 HSTP 时，应分别固定连至 A、B 平面内成对的 HSTP，SP 至两个 HSTP 的信令链路组间采用负荷分担方式工作，SP 至两个 LSTP 的信令链路组织间也采用负荷分担方式工作。

我国电话网和信令网的对应关系如图 2-22 所示。

HSTP 设在 DC1 交换中心，汇接 DC1 及所属 LSTP。LSTP 设在 DC2 交换中心，汇接 DC2、端局信令点。

（4）信令点编码

为了便于信令网的管理，国际和国内信令网的编号是彼此独立的，即各自采用独立的编号计划。

• 国际信令点编码：ITU-T 建议采用 14 bit 编码，如图 2-23 所示，其中 3 bit 的大区识别，用于识别全球的编号大区；8 bit 的区域网识

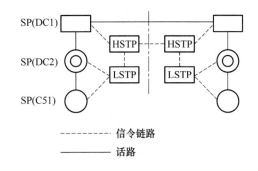

图 2-22　No.7 信令网与我国电话网的对应关系

别，用于识别每个编号大区内的区域网。这两级均为 ITU-T 分配，如我国大区识别码为 4，区域编码为 120。前两部分合起来又称为信令区域网编码（SANC）；最后 3 bit 为信令点识别，用于识别区域网内的信令点。

• 国内信令点编码：采用 24 bit 全国统一编号计划。每个信令点编码由主信令区编码、分信令区编码和信令点编码 3 部分组成，其格式如图 2-24 所示。

大区或洲(3 bit)	国家或地区(8 bit)	信令点(3 bit)
信令区域网编码(SANC)		
国际信令点编码(ISPC)		

图 2-23　国际信令点编码

主信令区编码	分信令区编码	信令点编码
8 bit	8 bit	8 bit

图 2-24　国内信令点编码

2.4.4　消息传递部分

消息传递部分(MTP)的主要功能是在信令网中提供可靠的信令消息传递,将源信令点的用户发出的信令单元正确无误地传递到目的地信令点的指定用户,并在信令网发生故障时采取必要的措施以恢复信令消息的正确传递。

MTP 由信令数据链路功能(MTP1)、信令链路功能(MTP2)和信令网功能(MTP3)3 个功能级组成。

1. 信令数据链路级

信令数据链路级是 No.7 信令系统最低层,在这一层里规定了信令数据链路的物理、电气和功能特性,并确定数据链路的接入方式,为信令链路提供了一个信息载体。

信令数据链路提供传送信令消息的物理通道,它由一对传送速率相同、工作方向相反的数据通路组成,完成二进制比特流的透明传输。信令数据链路有数字和模拟两种信令数据链路传输通道。数字信令链路指传输通道的传输速率为 64 kbit/s 和 2.048 Mbit/s 的高速信令链路,模拟信令数据链路指传输速率为 4.8 kbit/s 的低速信令链路。

2. 信令链路功能级

信令链路功能级规定了在一条信令数据链路上,信令消息的传递和与传递有关的功能和过程,包括信令单元定界和定位、差错校正、初始定位、信令链路差错率监视、信令业务流量控制、处理机故障控制等。

（1）信令单元定界和定位

信令单元的格式如图 2-19 所示,其开始和结束都是由标志码(F)来标识的。信令单元定界功能就是依靠标志码(F)来将在 MTP1 上连续传送的比特流划分为信令单元。

标志码固定为"01111110",为了防止在消息内容中出现伪标志码,发送端检查待传送的消息内容,每当出现连续 5 个"1"时,在其后插入一个"0"。接收端对收到的消息内容进行检查,除去连续 5 个"1"后面的一个"0",使消息内容恢复原样。

信令单元定位功能主要是检测失步及失步后如何处理。当检测到以下异常情况时就认为失步:

- 收到了不许出现的码型(6 个以上连"1");
- 信令单元内容少于 5 个八位位组;
- 信令单元内容长于 278 八位位组;
- 两个 F 之间的比特数不是 8 的整倍数。

在失去定位情况下,进入八位位组计数状态,每收到 16 个八位位组就报告一次出错,直至收到一个正确的信令单元才结束计数状态。

（2）差错检测

No.7 信令系统利用循环冗余校验(CRC)序列进行差错检测。

40

（3）差错校正

No.7 信令系统提供两种差错校正方法:基本差错校正方法和预防循环重发校正方法。

• 基本差错校正方法是一种非互控的既有肯定证实,又有否定证实的重发纠错方法。遇到肯定证实,表示接收端已正确接收信令单元,则将 MSU 从缓冲器抹去,继续顺序发送;遇到否定证实,表示接收端接收的信令单元发生错误,则重新发送出错的信令单元。信令单元的肯定证实、否定证实及重发请求消息是通过 FSN/FIB、BSN/BIB 字段的相互配合来完成。基本差错校正方法用于传输时延小于 15 ms 的陆上信令链路。

• 预防循环重发校正方法是一种非互控的只用肯定证实,无否定证实的前向纠错方法,适用于传输时延较大的卫星信令链路。在这种校正方法中,每个信令终端都配置重发缓冲器,所有已发出的未得到肯定证实的信令单元都暂存在重发缓冲器中,直至收到肯定证实后才清除相应存储单元。预防循环重发纠错过程由发端自动控制,当无新的 MSU 等待发送时则将自动取出缓冲器中未得到证实的 MSU 依次重发;重发过程中若有新的 MSU 请求发送,则中断重发过程,优先发送新的 MSU。

（4）初始定位

主要用于链路初始启用或链路故障进行恢复时链路的定位过程,这时要先经初始定位才能在链路上发信令单元。

初始定位过程的作用是在两信令点之间交换信令链路状态的握手信号,检测信令链路的传输质量,协调链路投入运行的动作参数。只有在链路两端按照协议规定步骤正确发送和应答相关消息,并且链路的信令单元传输差错率低于规定值时才认为握手成功,该链路可以投入使用。

（5）信令链路差错率监视

为了保证信令链路的传输性能以满足信令业务的要求,必须对信令链路的传输差错率进行监视。当信令链路的差错率超过门限值时,应判定信令链路为故障状态。

（6）流量控制

流量控制用来处理 MTP2 的拥塞情况,当信令链路的接收端检测到拥塞时便启动流量控制过程。检出链路拥塞的接收端停止对流入的信令消息单元进行肯定/否定证实,并周期地向对端发送链路状态信号(SIB)为忙的指示。

对端信令点收到 SIB 后立即停止发送新的信令消息单元,并启动远端拥塞定时器(T6)。如果定时器超时,则判定信令链路故障,并向 MTP3 报告。当拥塞撤销时,则恢复对流入的信令单元的证实操作。发端收到对端的信令单元证实后,则撤销远端拥塞定时器,恢复发送新的信令单元。

（7）处理机故障控制

处理机故障控制用于标志或取消处理机故障状态。由于高于 MTP2 的原因使信令链路不能正常使用时,则认为是处理机故障。此时信令消息单元不能传送到第 3 级或第 4 级,其原因可能是处理机故障,也可能是人为阻断某一条信令链路。

3. 信令网功能级

信令网功能是在信令网中当信令链和信令转接点发生故障的情况下,为保证可靠地传递各种信令消息,规定在信令点之间传送管理消息的功能和程序。它是在信令链路功能基础上实现的,信令网功能包括信令消息处理功能和信令网管理功能两部分。

(1) 信令消息处理功能

信令消息处理功能的作用保证将在一个信令点的用户部分发生的信令消息传递到由这个用户部分指明的目的地的相同用户部分,包括消息识别、消息路由和消息分配。

- 消息识别:在信令点收到一个 MSU 后,根据 MSU 中的 DPC 与本信令点编码是否相等,判断该信令消息是在本信令点落地还是转接。
- 消息选路:根据 MSU 路由标记中的 DPC 和 SLS 选择合适的信令链路,以传递消息。这些消息可能是从消息识别功能递交来的,也可能是本节点的第 4 功能级某用户部分或第 3 功能级的信令网管理功能送来的。
- 消息分配:该功能检查信令消息的 SIO 中的 SI,按其类型对应关系将该消息递交给相关的用户处理部分。

(2) 信令网管理功能

信令网管理功能在信令链路或信令点发生故障时采取适当的行动以维持和恢复正常的信令业务。信令网管理功能监视每一条信令链路及每一个信令路由的状态,当信令链路或信令路由发生故障时确定替换的信令链路或信令路由,将出故障的信令链路或信令路由所承担的信令业务转换到替换的信令链路或信令路由上,从而恢复正常的信令消息传递,并通知受到影响的其他节点。

信令网管理功能包括信令业务管理、信令路由管理和信令链路管理。

信令业务管理的功能是在信令链路或信令路由出现故障时,控制将信令业务从一条不可用的信令链路或信令路由转移到一条或多条替换的信令链路或信令路由,或在信令点阻塞的情况下暂时减少信令业务。

信令路由管理用来在信令点之间可靠地交换关于信令路由是否可用的信息,并及时地闭塞信令路由或解除闭塞信令路由。

信令链路管理功能用来控制本地连接的信令链路,恢复已有故障的信令链路,以便接通空闲的、还未定位的信令链路,以及断开已定位的信令链路。因此,该功能为建立和保持链路组的某种预定的能力提供了一种手段,当信令链路发生故障时,信令链路管理功能可为恢复该链路组的能力采取行动。

2.4.5 电话用户部分

电话用户部分(TUP)是 No.7 信令系统的第四功能级,是电话网和信令网间重要的功能接口部分。TUP 定义了用于电话接续所需的各类局间信令,它不仅可以支持基本的电话业务,还可以支持部分用户补充业务。其基本功能如下:

- 根据交换局话路系统呼叫接续控制的需要产生并处理相应的信令消息。
- 执行电话呼叫所需的信令功能和程序,完成呼叫的建立、监视和释放控制。

1. 电话用户消息的格式

电话用户消息采用 MSU 信令消息格式,其中 SI 字段的编码固定为 0100,表示它是一个来自于 TUP 部分的 MSU。电话用户消息的内容是在 MSU 中的信令信息字段(SIF)中传送的。SIF 由标记、标题码和信令信息 3 部分组成,具体格式如图 2-25 所示。其中标记和标题码长度固定,信令信息长度可变,但为字节的整数倍。

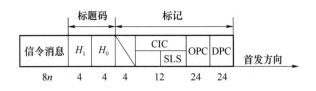

图 2-25　TUP 的 SIF 格式

（1）标记

每一个信令消息都含有标记部分。消息传递部分根据标记来选择信令路由，电话用户部分利用标记来识别该信令消息与哪个呼叫有关。

一个标记长度为 64 bit，由 3 部分组成：DPC（目的信令点编码），长度为 24 bit；OPC（源信令点编码），长度为 24 bit；CIC（电路识别码），长度为 12 bit，另有 4 bit 备用。

在 TUP 的 MSU 中，CIC 用于标识该 MSU 传送的是哪一条话路的信令，即属于局间的哪一条 PCM 中继线上的哪一个时隙。

- 对于采用 2.048 Mbit/s 的数字通路，CIC 的低 5 bit 表示 PCM 时隙号，其余 7 bit 表示 PCM 系统号。

- 对于采用 8.448 Mbit/s 的数字通路，CIC 的低 7 bit 表示 PCM 时隙号，其余 5 bit 表示 PCM 系统号。

- 对于采用 34.368 Mbit/s 的数字通路，CIC 的低 9 bit 表示 PCM 时隙号，其余 3 bit 表示 PCM 系统号。

同时，CIC 的最低 4 位兼作链路选择字段 SLS，来实现信令消息在多条信令链路间进行负荷分担的功能。12 bit 的 CIC 理论上允许一条信令链路最多被 4 096 条话路共享。

（2）标题码

标题码用来指明消息的类型，长度为 8 bit，包括 4 bit 的 H_0 用于识别消息组，4 bit 的 H_1，用于识别一个消息组内具体的消息。

（3）信令信息

SIF 中的信令信息部分是可变长的，用来传送消息所需的参数，它能提供比随路信令多得多的信息。不同类型的 TUP 消息的信令信息部分的内容和格式也各不相同，TUP 需要根据 MSU 携带的标题码来确定其格式和内容。

2. 常用电话用户信令消息

（1）前向地址消息（FAM）

FAM 负责传送前向建立的电话信令，共包含 4 种消息：初始地址消息（IAM）、带有附加信息的初始地址消息（IAI）、带有一个或多个地址的后续地址消息（SAM）、带有一个地址的后续地址消息（SAO）。

IAM/IAI 是为建立呼叫而发出的第一个消息，它包含下一个交换局为建立呼叫连接、确定路由所需要的全部信息。IAM/IAI 中可能包含了全部的地址信息，也可能只包含部分地址信息，包含全部地址还是部分地址信息与交换局间采用的地址传送方式有关。IAI 除了可携带 IAM 所包含的全部内容外，在现阶段还可包含主叫用户的电话号码和被叫号码。

SAM/SAO 是在初始地址消息后发送的地址消息，用来传送剩余的被叫电话号码，与 IAM/IAI 相比无"主叫用户类别""消息表示语"这样的信息。SAM 一次可传送多位号码，而 SAO 一次只能传送一位电话号码。

（2）后向建立成功消息（SBM）、后向建立不成功消息（UBM）

SBM/UBM 负责传送后向建立的电话信令。

SBM 只有一个地址全消息（ACM），用来表示呼叫被叫用户所需的全部地址信息已收齐，并可传送有关被叫空闲及是否计费等信息。

UBM 定义了如交换机设备拥塞、空号、汇接中继电路拥塞、被叫号码不全、被叫忙等 12 个消息，表示呼叫建立失败。

（3）呼叫监视消息（CSM）

CSM 负责传送表示呼叫接续状态的信令，共有 6 个消息：应答/计费消息（ANC）、应答/免费消息（ANN）、前向释放消息（CLF）、后向释放消息（CBK）、主叫挂机消息（CCL）、再应答消息（RAN）。其中 CLF 发出后就拆线，CBK 和 CCL 均不产生拆线操作。

（4）电路监视消息（CCM）、电路群监视消息（GRM）

CCM/GRM 负责传送电路和电路群闭塞、解除闭塞及复原信令。

CCM 包括两类：一类是正常呼叫结束时的电路释放监护消息（RLG），前方局只有收到后向发来的 RLG，才能将此电路释放给新的呼叫使用；另一类是 No.7 信令特有的，用于电路维护的消息，包括电路闭塞和解除闭塞信号、电路导通检验请求消息和电路复原消息（RSC）。

GRM 是 No.7 信令特有的，用于对一群电路进行闭塞和解除闭塞，消息根据所产生闭塞的原因分成 3 组：由于硬件故障、软件故障和管理引起的闭塞。一群电路最多可包含 256 条电路（4 套 PCM）。设置这类消息的目的主要是便于对整个 PCM 系统进行维护。

（5）电路网管理信令（CNM）

CNM 只包含一个自动拥塞控制消息（ACC），负责传送电路网的自动拥塞控制信息，以保证交换局在拥塞时减少到超载的交换局的业务量。

（6）前向建立消息（FSM）和后向建立消息（BSM）

FSM/BSM 是 7 号信令特有的消息。FSM 包含 3 个消息：一般建立消息（GSM）、导通检验成功消息（COT）和导通检验失败消息（CCF）。BSM 仅包含一个一般请求消息（GRQ）。

GRQ 与 FSM 中的 GSM 为一对消息，供后方局在呼叫建立过程中向前方局请求补充信息。这一请求信令机制给呼叫建立带来了很大的灵活性，借此可以支持许多跨局的新业务。

COT 和 CCF 用于向后方局指示电路导通检验成功与否。

3. 双向电路的同抢处理

No.7 信令采用双向电路工作方式，即在两交换局间任何一方都可以主动请求占用某一指定的 PCM 时隙电路，以此来提高中继电路的利用率。在这种情形下，局间电路比较繁忙时，将会出现两个交换局同时试图占用同一条电路的现象，称这种现象为双向电路同抢，即一个交换局刚向对端交换局发出了 IAM/IAI 消息，又马上收到了对方送来的 IAM/IAI 消息，并且它们携带相同的 CIC 值。信令传输时延越长，同抢的概率就越大。

为了降低同抢发生的概率，可采取两种防卫措施。

（1）A、B两交换局间的双向电路群采用相反的顺序进行电路选择，信令点编码大的交换局按照从大到小的顺序选择，信令点编码小的交换局则按照从小到大的顺序选择。

（2）将A、B两交换局之间的双向电路群划分为两个子群，并规定子群1的主控局为A，子群2的主控局为B。在进行电路选择时，每个交换局首先选择主控子群中的空闲电路（优先选择最早释放的电路），只有当主控子群电路全忙时才选择非主控子群电路（优先选择最近释放的电路）。如果将释放后的空闲电路置入队列管理，则每个交换局对其主控子群电路采用先进先出（FIFO）队列进行选路，对其非主控子群电路采用后进先出（LIFO）队列进行选路。

一旦发生同抢，应采取下述方法处理。

（1）非主控局让位于主控局，即主控局忽略收到的IAM/IAI消息，继续处理对应的呼叫，而非主控局则放弃刚占用的电路，自动在同一路由或重选路由中另选电路重复试呼。

（2）按照ITU-T标准的规定，信令点编码大的交换局主控偶数电路（即CIC编码的最低比特为"0"的电路），信令点编码小的交换局主控奇数电路。

在交换局间传送地址信令时，有两种工作方式。

（1）重叠发码方式：在收到必要的路由选择信息后，立即开始信令过程。

（2）成组发码方式：在收到全部地址信号后，才开始信令过程。

成组发码方式传输效率高，但需要等待地址信号收全。通常在市话局至长途/国际局、长话局间、长话局至国际局、国际局至长话局的呼叫接续中采用重叠发码方式，在市话局间、长途/国际局至市话局、市话局至长话局的半自动接续中使用成组发码方式。

4．TUP信令流程

TUP信令市话呼叫一般采用成组发码方式，即初始地址消息为IAM，包括全部被叫号码。

（1）呼叫市话用户信令流程

呼叫遇被叫用户空闲的信令流程如图2-26所示。市话用户之间的呼叫为主叫控制复原方式，当主叫先挂机时，通话电路会立即释放，总共双向传送5个消息；当被叫先挂机时，通话电路不会立即释放，超过再应答时延后，通话电路才会释放复原，总共双向传送6个消息，所以平均说来一次成功的端局至端局市话呼叫共需双向传送5.5个TUP消息。

在市话网中经过汇接局转接的正常呼叫信令流程如图2-27所示。

（2）特服呼叫信令流程

119、110、120等呼叫为被叫控制复原。当主叫先挂机时，应发送CCL消息，此消息仅仅表示主叫挂机，并不拆除话路。主叫局必须等待被叫挂机的CBK消息到来后，才发送CLF消息，通话电路才会释放复用。119、110、120等呼叫的信令流程如图2-28所示。

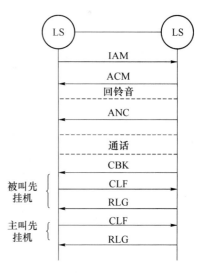

图2-26　呼叫遇被叫用户空闲

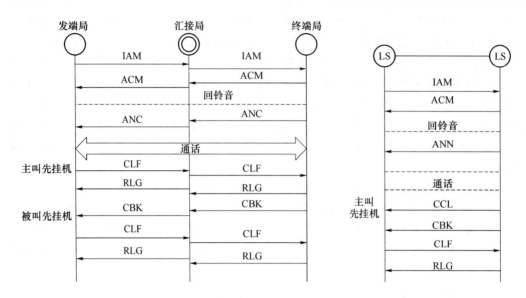

图 2-27　正常的呼叫处理信令流程　　　　　图 2-28　119 等呼叫的信令流程

（3）长话呼叫信令流程

为了加快长话呼叫的接续速度，TUP 信令长话呼叫一般采用重叠发码方式，即初始地址消息为 IAI，只包含被叫号码的最少有效位（长途区号），并不包括全部被叫号码，剩余的号码由 SAO/SAM 发送。图 2-29 给出了一个长话呼叫从主叫局至被叫局的全程信令流程。

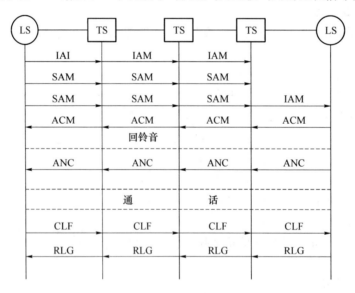

图 2-29　长话呼叫信令流程

由图可见，从发端市话局到长话局这段，初始地址消息采用 IAI，其余接续段都用 IAM。另外，从发端局直至终端长话局各段，被叫号码都是分几次发送的，也就是一边接收主叫拨号，一边往后方局发送号码，它要用到 SAM 或 SAO。先将长途区号发往长话局，长途交换局据此即可选定中继话路。终端长话局至被叫局被叫号码一次发完，这段已是市话接续，其被叫号码不含地区号，仅为市话号码。

2.5　ZXJ10 交换机系统组成

一、实验内容

1. ZXJ10 系统组成；
2. 外围交换模块（PSM）以及功能单元。

二、实验目的及要求

1. 了解 ZXJ10 系统组成、各模块功能；
2. 了解外围交换模块（PSM）在系统的位置及 PSM 单独成局功能；
3. 了解交换网络、用户单元、中继单元、模拟信令单元等功能单元的功能。

三、实验仪器与设备

ZXJ10 仿真软件。

四、实验内容与步骤

1. ZXJ10 系统组成

（1）基本概念

单板——指 PCB 电路板，包括 MP 和电源板等。

单元——由一块或几块单板组成，具备一定的功能。

模块——由一对 MP 和若干从处理器 SP 及一些单板组成。

① 模块

外围模块具备成局的所有功能。一般可分为近端模块（常称为 PSM）和远端模块（RSM）。中心模块一般是 SNM 和 MSM 的合称，有时也称为中心架。操作维护模块指的是后台的操作维护系统。

② 交换局

若干个模块组成一个交换局。

（2）系统组成

图 2-30 所示为 ZXJ10 系统组成，具体如下。

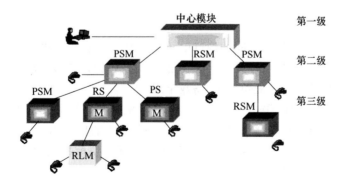

图 2-30　ZXJ10 系统组成

① 外围交换模块

用于 PSTN、ISDN 的用户接入和处理呼叫业务连接到中心模块作为多模块系统的一部分。

② 远端交换模块

远端交换模块和 PSM 内部结构完全相同,区别是与上级模块的连接方式不同。

③ 交换网络模块

SNM 是多模块系统的核心模块,它完成跨模块呼叫的连接,并且根据网络的容量不同,可以将 SNM 分为几种不同的类型。

④ 消息交换模块

• 完成模块间消息的交换;

• 控制消息首先被送 SNM,然后由 SNM 的半固定连接将消息送到 MSM。

⑤ 操作维护模块

操作维护模块也称为后台操作系统,采用集中维护管理的方式,用于监控和维护前台交换机的数据、业务、话单和测试等。

(3) ZXJ10 系统特点

① 先进的组网方式。多模块作为独立的交换局有两种情况:一是网络第一级是中心模块;二是网络第一级是外围交换模块。

② 模块间全分散控制,模块内分级控制。每个模块的处理器只能控制和处理本模块的资源和数据,而单元处理器运行交换机的一部分功能。

③ 完善的业务平台。

④ 丰富的接口。

2. 外围交换模块

外围交换模块(PSM)的主要功能如下:

① 完成本模块内部的用户之间的呼叫处理和话路交换;

② 将本交换模块内部的用户和其他交换模块的用户之间的呼叫的消息和话路接到 SNM 模块上。

PSM 由用户单元、数字中继单元、模拟信令单元、主控单元、交换网单元和同步时钟单元组成。

3. 功能单元

(1) 用户单元

用户单元是交换机与用户之间的接口单元。一个交换单元由两个用户机框组成,每个用户单元的容量是 960 模拟用户或 480 数字用户,每块模拟用户板 ASLC 板包含 24 路模拟用户,每块数字用户板 DSLC 板包含 12 路数字用户。

用户单元提供与 T 网的连接及通信端口,一个普通用户单元占用 2 条 HW 线,2 个通信端口。用户单元实现动态时隙分配,采用 1∶1 到 4∶1 的集线比。

ZXJ10 交换机用户单元分配在 1 号机框,主要包括 1 块模拟用户板(ASLC)、1 块多任务测试板(MTT)、1 对业务处理板(SP)(主备用工作)。

(2) 数字中继单元

数字中继是数字程控交换局之间或数字程控交换机与数字传输设备之间的接口设备。

数字中继单元主要功能有码型变换、时钟提取、帧同步及复帧同步、信令插入及提取、检测告警、30 B＋D 用户的接入等。

每块数字中继板（DTI）提供 4 个 E1 接口，共 120 路数字中继用户。4 个 E1 分配情况如图 2-32 所示。

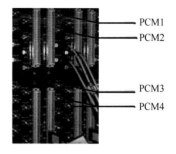

图 2-32　数字中继板 DTI 各 E1 分配

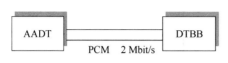

图 2-31　数字中继单元

数字中继单元提供与 T 网的连接及通信端口，一个数字单元占用 1 条 HW 线，1 个通信端口。

（3）模拟信令单元

一个模拟信令单元由一块模拟信令板（ASIG）组成，包括两个 DSP 子单元。模拟信令单元可分为 5 种类型：多频互控（MFC）、双音多频（DTMF）、信号音（TONE）、主叫号码识别（CID）、会议电话（CONF）。DTMF 负责信号的接收发送，MFC 负责多频互控信号的接收发送，TONE 信号的发送，CID 负责主叫号码识别信息的发送，CONF 负责会议电话功能。

数字中继单元和模拟信令单元分配在中继机框（5 号机框），9 槽位是模拟信令板（ASIG），为用户提供各种信号音；12 槽位是数字中继板（DTI），提供局间中继端口。

（4）主控单元

主控单元由 1 对主备模块处理机（MP）、共享内存板（SMEM）、通信板（COMM）、监控板（MON）、环境监控板（PEPD）等组成。

主控单元主要功能有控制交换网的接续、负责前后台数据及命令的传送、实现与各功能子单元（单元）的消息通信等。

主控单元的 MPPP 和 MPMP 板向系统提供通信端口，用于传递 MP 与各外围单元的消息及模块间的消息：1 个用户单元占用 2 个模块内通信端口，1 个数字中继单元占用 1 个模块内通信端口，1 个模拟信令单元占用 1 个模块内通信端口，MP 控制 T 网占用 2 个超信道的通信端口（port1，port2），模块间通信至少占用 1 个模块间通信端口（Mport1～Mport8）。

主控单元对 T 网的控制如图 2-33 所示，两块主处理板 MP 主备用工作，分别经通信板（COMM）通过256 kbit/s HW 线连接至交换网。

（5）数字交换单元

数字交换单元由 8 k 交换网板 DSN、交换网接口板 DSNI、光接口板 FBI、同步时钟板 SYCK、Bits 接口板 CKI 组成。交换网板 DSN 是 T-T-T 网络，T 网容

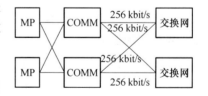

图 2-33　主控单元对 T 网的控制

量为 8 k×8 k（即 8 192×8 192），其 HW 线速率为 8 Mbit/s，故有 64 条 8 Mbit/s HW 线组成。

T 网 HW 线分配如图 2-34 所示。采用双通道结构，话路接续和消息接续走不同的 T 网 HW 线。消息的接续占用 HW0 至 HW3，共 4 条 HW 线，由系统自动分配。话音通道占用 HW4 至 HW61。其优点是消息量大、实时性好、消息通道和话音通道同在一块 T 网板上，方便管理。

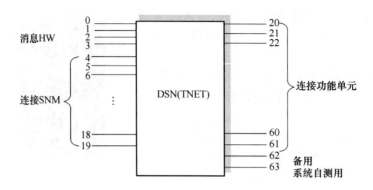

图 2-34 T 网 HW 线分配

交换网络主要功能包括完成本模块内话路接续的交换、与中心模块相连,完成模块间的话路接续、完成消息的接续等。

① 话音通道

假设某一用户单元的用户 A 和另一用户单元的用户 B 通话,其话音路径为

SP—DSNI-S—DSN—DSNI-S—SP

② 消息通道

假设 PSM 想发一段消息给 SP,其消息路径为

MP—COMM—DSNICTL—T network—DSNI—SP

2.6 ZXJ10 交换机本局电话互通数据配置

一、实验内容

1. 交换机局容量的数据配置;

2. 交换局数据配置;

3. 交换机物理配置;

4. 本局号码分析数据的制作;

5. 修改用户属性的数据。

二、实验目的及要求

1. 掌握交换机物理配置步骤;

2. 掌握本局电话互通数据配置。

三、实验仪器与设备

ZXJ10 仿真软件。

四、实验步骤

打开 1 号机房,进入虚拟后台。

1. 硬件配置

(1)局容量配置

打开"数据管理"→"基本数据管理"→"局容量配置"→"全局规划",进入全局容量规

划的页面,选择"全局容量规划参考"为"正常全局容量配置",单击"全部使用建议值"并"确认",回到容量规划的页面。

单击"增加",进入增加模块容量规划的页面,"模块号"键入"2"(不能用1,因为1默认分配给中心模块),单击"全部使用建议值",再单击"确认",即完成了局容量数据的配置。

（2）交换局配置

① 打开"数据管理"→"基本数据管理"→"交换局配置",进入交换局配置的页面。

② 选择"本交换局"配置的子页面,本交换局数据配置如图2-35所示。

图 2-35　本交换局数据配置

（3）物理配置

① 打开"数据管理"→"基本数据管理"→"物理配置"→"物理配置",进入物理配置的页面。

② 单击"增加模块","模块号"选2,将 PSM 外围交换模块和操作维护模块选中,单击"确定",返回物理配置的页面。

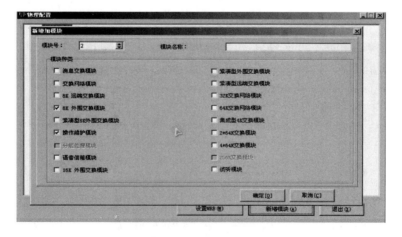

图 2-36　增加外围交换模块 PSM

选中模块 2,单击"新增机架",选择"机架号"为 1;"机架类型"为普通机架。单击"确定"回到物理配置的界面。

图 2-37　增加机架

选中机架 1,单击"新增机框",进入新增机框的页面,分别增加 1、3、4、5 机框,增加完机框后,返回物理配置的页面。

按照前台各机框单板配置,分别增加单板。需注意的是,5 号机框 9 槽位的模拟信令板 ASIG 板不能增加默认电路板,需选择"插入电路板",然后选择"模拟信令板",单击"确定",增加单板成功。

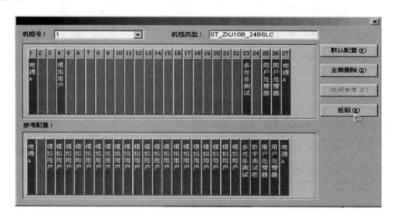

图 2-38　用户框单板

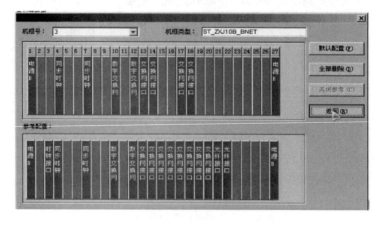

图 2-39　交换网框单板

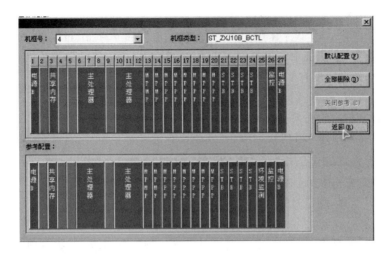

图 2-40 主控框单板

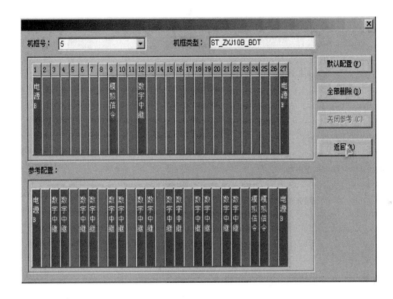

图 2-41 中继框单板

选中模块 2，单击通信板配置，进入通信端口配置的页面，单击"全部默认配置"，系统自动对各通信端口进行系统默认配置。

选中模块 2，单击"单元配置"，进入"单元配置"的页面，增加单元。

首先增加所有无 HW 单元，系统将一次性增加所有不占用 HW 的单元；然后依次增加交换网单元、用户单元、数字中继单元和模拟信令单元。

第一个增加的单元是"交换网单元"。此单元不需配置子单元和 HW 线，只需配置通信端口，端口号选"1"和"2"。

第二个增加的单元是"用户单元"。此单元需配置子单元、HW 线、通信端口。

① 子单元配置选择"默认配置"，然后单击"确定"按钮。

② "HW 线配置"网号选择"1"，物理 HW 号分别选择"46"和"47"。

③ 通信端口配置，分别选择"3"和"4"号端口。

以上 3 项增加完毕后,单击"确定"按钮,完成用户单元的增加。

第三个增加的单元是"数字中继单元"。此单元需配置子单元、HW 线、通信端口。

① 子单元配置,全部选中 PCM1~PCM4,选择共路信令,传输码型为 HDB3 码,硬件接口为 E1,CRC 校验选择没有 CRC 校验,然后单击"确定"。

② "HW 线配置"网号选择"1",第一条物理 HW 号选择"48"。

③ 通信端口配置,端口号选择"8"。

第四个增加的单元是"模拟信令单元"。此单元需配置子单元、HW 线、通信端口。

① 子单元配置,DSP1 选择"双音多频",DSP2 选择"64M 音板"。

② "HW 线配置"网号选择"1",第一条物理 HW 号选择"50"。

③ 通信端口配置,端口号选择"6"。

(4) 数据传送

数据传送的目的是将后台配置的数据传送到前台 MP 中,选择"数据管理"→"数据传送",进入数据传送的界面,选择传送方式为"传送全部表",密码需输入提示的"～! @ ♯ $ %",然后单击"发送"即可。

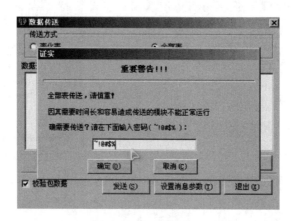

图 2-42　数据传送

(5) 告警查看

告警查看的目的是检查刚才所做的硬件配置是否有误,选择"系统维护"→"后台告警",进入告警查看的界面,单击"机架 1",如果配置无误,结果如图 2-43 所示,即可进行用户数据配置。

如果没有告警,才可以进行本局电话互通数据的制作。

2. 本局电话互通局数据的制作

(1) 局数据制作

选择"数据管理"→"基本数据管理"→"号码管理"→"号码管理",进入"号码管理"的页面。

① 增加局号。增加局号配置如图 2-44 所示,图中局号为 666(这里需注意,电话号码结构包括局号和用户号码两部分,一般用户号码包括 4 位,剩余其他号码称为局号,如号码"6661234",局号为"666",用户号码为"1234"),号码长度 7 表示本局号码的位长为 7 位(请思考,如果局号为 4 位,号码长度为多少呢?)。

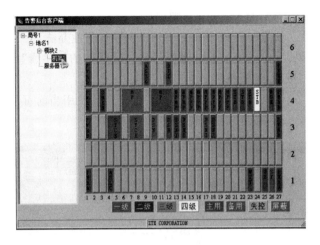

图 2-43　告警查看

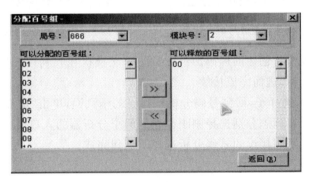

图 2-44　增加局号

② 分配百号。分配百号配置如图 2-45 所示,单击"分配百号",打开"分配百号组"的窗口,选择刚刚创建的局号 666 和模块号 2,左侧"可以分配的百号组"框中列示出该局号可分配的若干百号,通过转移键将其中一个百号如"00"转移至右侧的"可以释放的百号组",单击"返回"回到号码管理的页面,百号分配完毕。

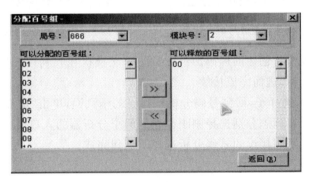

图 2-45　分配百号

这里需注意,百号指的是用户号码前两位。比如,百号为"00",则用户号码范围是

0 000~0 099,共 100 个号码;百号为"01",则用户号码范围是 0 100~0 199,共 100 个号码。

③ 用户号码放号。放号配置如图 2-46 所示,放号有两种办法:

• 在"可用的号码"域中选中欲放的逻辑号码,在"可用的用户线"域选中意欲使用的物理用户线,单击"放号"按钮,进行放号。

• 在"放号数目"域填入意欲放号的个数,系统会默认使用当前可用的逻辑号码和物理线路,并且从最低序号开始,按要求的个数进行批量放号。

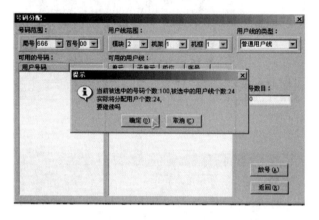

图 2-46　放号

(2) 号码分析

选择"数据管理"→"基本数据管理"→"号码管理"→"号码分析",进入"号码分析"的界面,该界面包括两个子界面:分析器入口和号码分析选择子。

① 增加分析器。在"分析器入口"的子页面,单击"增加",进入"创建分析器入口"的窗口。本次实验我们需要创建两个分析器:新业务分析器和本地网分析器。

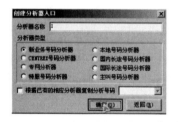

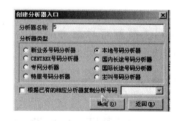

图 2-47　创建新业务号码分析器　　图 2-48　创建本地号码分析器

需要在号码管理中将创建的局码加进去,这样,交换机在收到用户所拨的号码后,才可以此为据进行号码分析,进而完成接续。

② 增加号码分析选择子,回到号码分析选择子的子页面,单击"增加","新业务分析器"和"本地分析器"的入口标志分别选择刚刚创建的两个分析器的入口值(如 1 和 5),单击"确认"钮,至此用于本局呼叫接续的号码分析选择子创建完成。

(3) 用户属性

① 选择"用户属性",先选择"普通用户模板"用户模板,号码分析选择子(普通)选择"1",去掉"未开通"标志后,单击右上角的"存储"键。保存该用户摸板。

② 选择"用户属性定义"子页面,修改用户属性。

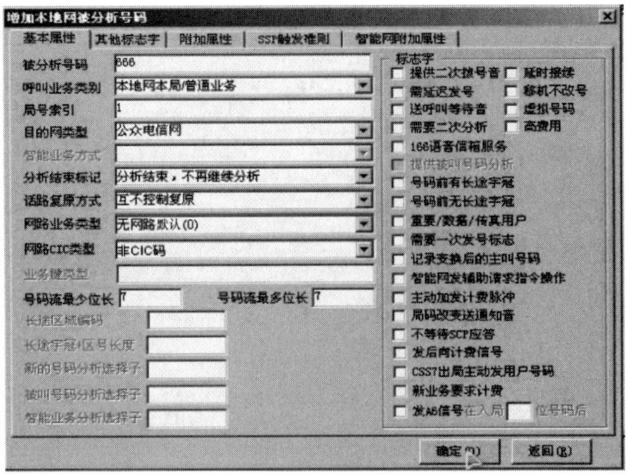

图 2-49 增加本地网被分析号码

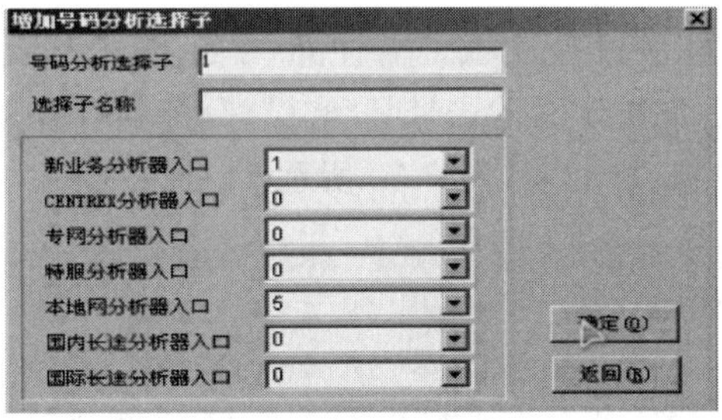

图 2-50 增加号码分析选择子

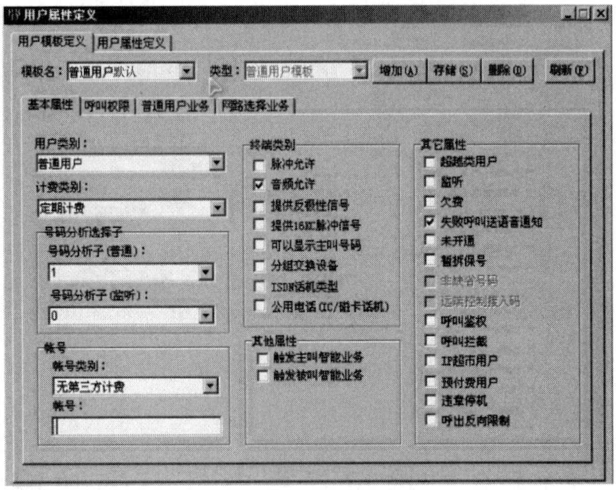

图 2-51 用户模板定义

（4）数据传送

选择"数据管理"→"数据传送"，进入数据传送的界面，选择传送方式为"传送全部表"，单击"发送"即可。

图 2-52　用户属性定义

（5）电话拨打测试

打开本局电话,进行电话拨打测试。需注意,3 部测试电话号码分别为"01""05"和
"14",请勿拨打其他号码。如果定义的局号是"666",分配的百号是"00",则 3 部电话号码分
别是 6660001、6660005 和 6660014,如图 2-53 所示。

图 2-53　电话拨打测试

2.7　ZXJ10 交换机邻局电话互通数据配置

一、实验内容

1. 邻局电话互通物理连线;

2. 邻接交换局的数据配置;

3. No. 7 信令数据及中继数据制作；

4. 邻局电话互通号码分析。

二、实验目的及要求

1. 掌握邻局电话互通物理连线方法；

2. 掌握邻局号码分析数据的制作。

三、实验仪器与设备

ZXJ10 仿真软件。

四、实验步骤

在完成 2.6 节的基础上，完成以下步骤。

1. 物理连线

单击虚拟后台界面上的"组网图"，单击黄色框闪烁的"大梅沙端局"，沿黄色箭头单击打开"机柜"，沿黄色箭头单击"机框"，单击上排黄色箭头指示的从右数第 4 对单板，利用对接线进行物理连线，将本交换机的 E1 的 IN 与邻接交换机 E1 的 OUT 相连，本交换机 E1 的 OUT 与邻接交换机 E1 的 IN 相连。如可将其中一根连至 DTI7 IN1，另一根连至 DTI7 OUT1，如图 2-54 所示。

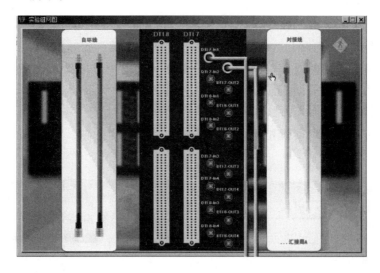

图 2-54　邻局物理连线

2. 邻接交换局配置

选择"数据管理"→"基本数据管理"→"交换局配置"菜单。

（1）在"交换局配置"界面中，选择"本交换局"子页面，选择"信令点配置数据"，选中"公网"，单击"设置"按钮，进入"设置本交换局信令点配置数据"界面。

（2）在"交换局配置"界面中，选择"邻接交换局"子页面，单击"增加（A）"按钮，进入"增加邻接交换局"界面。

3. 信令数据制作

选择"数据管理"→"七号数据管理"→"共路 MTP 数据"菜单，进入"七号信令 MTP 管理"页面。

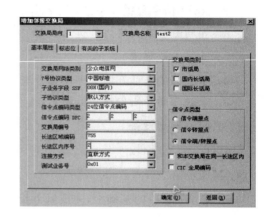

图 2-55　本交换局信令点配置数据　　　　图 2-56　邻接交换局数据配置

（1）增加信令链路组

在"信令链路组"子页面，单击"增加（A）"，进入"增加信令链路组"页面。

增加信令链路组结果如图 2-57 所示。

（2）增加信令链路

在"信令链路"子页面，单击"增加（A）"，进入"增加信令链路"页面。

选择"信令链路号"为 1，"链路组号"为 1，"链路编码"为 0，"模块号"为 2，则系统列示出"信令链路可用的通信信道"和"信令链路可用的中继电路"，选择 STB 板提供的信道 1 和 DT 板第一个子单元 PCM1 的 TS1（如图 2-58 所示，标黑的部分即为要增加的信令链路），单击"增加（A）"，即在信令链路组 1 中增加了一条信令链路，单击"返回（R）"按钮，提示"要立即重排链路吗"，单击"确定（O）"按钮。增加信令链路结果如图 2-58 所示。

图 2-57　增加信令链路组　　　　图 2-58　增加信令链路

（3）增加信令路由

在"信令路由"子页面，单击"增加（A）"，进入"增加信令路由"页面，如图 2-59 所示。

（4）增加信令局向

在"信令局向"子页面，单击"增加（A）"，进入"增加信令局向"页面，如图 2-60 所示。

图 2-59　增加信令路由　　　　　　　　图 2-60　增加信令局向

（5）增加 PCM 系统

在"PCM 系统"子页面,单击"增加（A）",进入"增加 PCM 系统"页面,如图 2-61 所示。

4. 中继数据制作

选择"数据管理"→"基本数据管理"→"中继管理"菜单,进入"中继管理"页面。

（1）中继电路组的创建

中继电路组的创建如图 2-62 所示。

图 2-61　增加 PCM 系统　　　　　　　图 2-62　增加中继电路组

（2）中继电路分配

选择"中继电路分配"页面,单击"分配（M）"按钮,进入"中继电路分配"界面。中继电路分配如图 2-63 所示。

（3）增加出局路由

增加出局路由如图 2-64 所示。

（4）增加出局路由组

增加出局路由组如图 2-65 所示。

（5）增加出局路由链

增加出局路由链如图 2-66 所示。

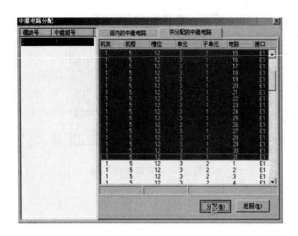

图 2-63 中继电路分配

图 2-64 增加出局路由

图 2-65 增加出局路由组

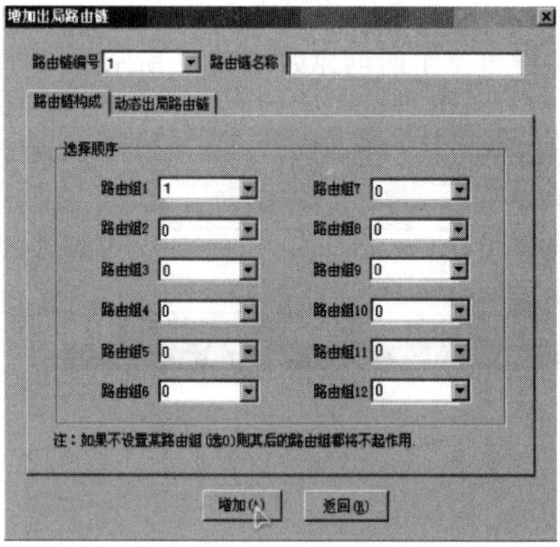

图 2-66 增加出局路由链

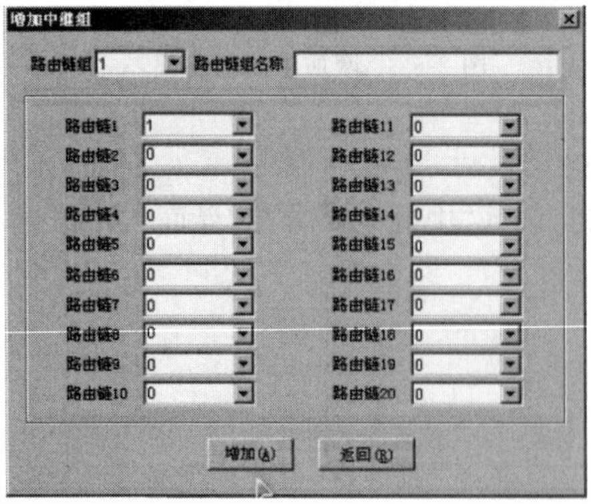

图 2-67 增加中继组

（6）增加出局路由链组

增加中继组如图 2-67 所示。

选择"路由链组"下"中继关系树"子页面,选中左边路由链组号 1,单击"显示/刷新"、再单击"全部展开",则显示出创建的中继关系树,如图 2-68 所示。

5.号码分析

选择"数据管理"→"基本数据管理"→"号码管理"→"号码分析",进入"号码分析"的界面,单击"分析器入口",选中"5 本地网"分析器,单击"分析号码",进入"本地网被分析号码（入口

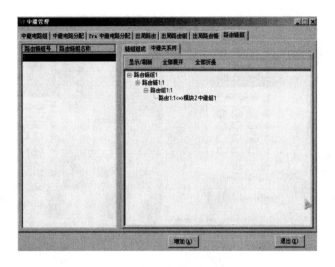

图 2-68 中继关系树

'5')"界面,单击"增加(A)",增加被分析号码,如 999,数据配置如图 2-69 所示,单击"确定"
"返回(R)",回到"本地网被分析号码(入口'5')"界面,退出。

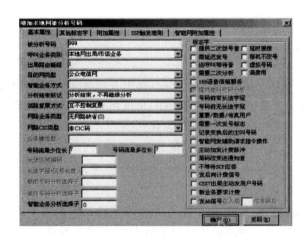

图 2-69 增加本地网被分析号码

6. 数据传送

数据传送的目的是将后台配置的数据传送到前台 MP 中,选择"数据管理"→"数据传
送",进入数据传送的界面,选择传送方式为"传送全部表",单击"发送"即可。

7. 拨打电话测试

打开本局电话和对局电话,进行电话拨打测试。如果定义的本局局号是"666",对局局
号是"999",分配的百号是"00",则 3 部本局电话号码分别是 6660001、6660005 和 6660014,
3 部对局电话号码分别是 9990001、9990002 和 9990003,测试结果如图 2-70 所示。

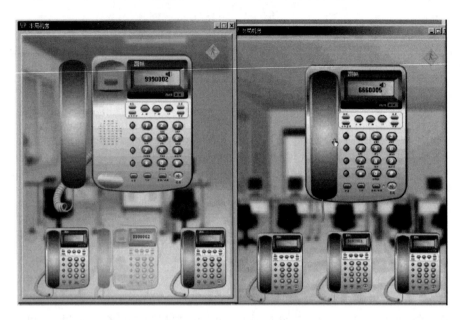

图 2-70　邻局电话互通测试

本 章 小 结

1. 程控交换机是电话交换网的核心设备,其主要功能是完成用户之间的接续,即在两个用户之间建立一条话音通道。程控交换机的总体结构包括硬件和软件两部分,程控交换机的硬件包括话路子系统和控制子系统两部分。

2. 数字交换网络的基本接线器有 T 和 S 两种。

3. 数字程控交换机的终端与接口主要包括用户模块、中继器和信令设备。

4. 用以建立、维持、解除通信关系的信息称为信令。信令的传送要遵守一定的规约和规定,即信令方式。它包括信令的结构形式,信令在多段路由上的传送控制方式。选择合适的信令方式,关系到整个通信网通信质量的好坏和投资成本的高低。为了完成特定的信令方式,所使用的通信设备的全体称为信令系统。

5. 按信令的传送区域划分,可将信令分为用户线信令和局间信令。按信令信道与话音信道的关系可分为随路信令和公共信道信令。信令按其所完成的功能划分可有线路信令、地址信令和维护管理信令。按信令的传送方向可分为前向信令和后向信令。

6. No.7 信令方式的基本目标是:采用与话路分离的公共信道形式,透明地传送各种用户(交换局)所需的业务信令和其他形式的信息,满足特种业务网和多种业务网的需要。

7. No.7 信令方式从功能上可分为公用的消息传递部分(MTP)和适合不同用户的独立的用户部分(UP)。MTP 由信令数据链路功能(MTP1)、信令链路功能(MTP2)、信令网功能(MTP3)3 个功能级组成。UP 可以是电话用户部分(TUP)、数据用户部分(DUP)、IS-DN 用户部分(ISUP)等。

8. 在 No.7 信令系统中,所有信令消息都是以可变长度的信令单元(SU)的形式在信令网中传送和交换。No.7信令协议定义了3种信令单元类型:消息信令单元(MSU)、链路状态信令单元(LSSU)和填充信令单元(FISU)。

9. No.7信令网是具有多种功能的业务支撑网,由信令点(SP)、信令转接点(STP)和信令链路3部分组成。

10. 消息传递部分(MTP)的主要功能是在信令网中提供可靠的信令消息传递,将源信令点的用户发出的信令单元正确无误地传递到目的地信令点的指定用户,并在信令网发生故障时采取必要的措施以恢复信令消息的正确传递。

11. 电话用户部分(TUP)是No.7信令系统的第四功能级,是电话网和信令网间重要的功能接口部分。TUP定义了用于电话接续所需的各类局间信令,它不仅可以支持基本的电话业务,还可以支持部分用户补充业务。

12. 在No.7信令方式的分层结构中,SCCP是用户部分之一,属第四功能组,同时为MTP提供附加功能,以便通过No.7信令网在电信网的交换局和专用中心之间传递电路相关和非电路相关的信息和其他类型的信息,建立无连接或面向连接的业务。

13. 实践部分包含中兴数字程控交换机仿真软件ZXJ10的硬件组成、本局电话互通数据配置和邻局电话互通数据配置实验。

习　　题

一、填空题

1. 按信令的传送区域划分,可将信令分为_____信令和_____信令。

2. 按信令信道与话音信道的关系可分为_____信令和_____信道信令。

3. 信令按其所完成的功能划分可有_____信令、_____信令和_____信令。

4. 按信令的传送方向可分为_____信令和_____信令。

5. MTP由_____功能(MTP1)、_____功能(MTP2)和_____功能(MTP3)3个功能级组成。

6. No.7信令网是具有多种功能的业务支撑网,由_____SP、_____STP和信令链路三部分组成。

7. No.7信令协议定义了3种信令单元类型:消息信令单元_____、链路状态信令单元_____和填充信令单元_____。

8. 有线通信中的多路复用技术主要有_____复用和_____复用。

9. T接线器由_____和_____组成。

10. S接线器由_____和_____组成。

11. 程控交换机硬件系统包括_____和控制子系统。

12. 数字交换是通过_____交换来实现的,在交换网络中对话音电路的交换实际上是对_____的交换。

13. 数字交换网络的基本交换单元有_____和空间接线器。

14. T接线器的工作方式有两种:一种是"顺序写入,控制读出",简称输出控制;另一种是"_____",简称输入控制。顺序写入或读出是由时钟控制的,控制读出或写入则由

_____控制完成。

15. 根据控制存储器控制输入线还是输出线,S 接线器有_____和输出控制两种工作方式。

16. No.7 信令网由高级信令转接点 HSTP、_____和_____三级组成。

17. No.7 信令系统由消息传递部分 MTP 和_____组成。

18. 中国 1 号信令属于随路信令,No.7 信令属于_____信令。

19. 某电话号码是 85911234,则该号码的局号为_____,用户号码为_____。

20. 在数字交换网络中对话音电路的交换实际上是对_____的交换。

二、选择题

1. 模拟信号转换成数字信号的 3 个步骤次序是(   )。

A. 量化、取样、编码   B. 取样、量化、编码

C. 滤波、量化、编码   D. 滤波、取样、线性量化

2. PCM30/32 系统中话路的速率是(   )kbit/s。

A. 128   B. 64   C. 32   D. 16

3. 在数字交换中表示模拟用户接口电路的功能时,字母"B"表示的是(   )。

A. 馈电   B. 测试控制   C. 混合电路   D. 编译码和滤波

4. 程控交换机的馈电电压一般为(   )。

A. −60 V   B. −48 V   C. 48 V   D. 60 V

5. 信令单元为链路状态信令单元,此时信令单元中的长度表示语 LI=(   )。

A. 0   B. 1~2   C. 3~63   D. 63 以上

6. 我国国内信令网,信令点的编码计划是(   )位二进制数。

A. 12   B. 18   C. 24   D. 36

7. 下列哪种信号不能通过交换机的数字交换网络(   )。

A. 话音   B. 信号音   C. 铃流   D. DTMF 信令

8. 时分接线器的输出控制方式是指话音存储器(   )。

A. 顺序写入控制读出   B. 顺序写入顺序读出

C. 控制写入控制读出   D. 控制写入顺序读出

9. 时分程控交换机传输交换的信号是(   )。

A. 模拟信号   B. 数字信号

C. PAM 信号   D. PCM 或 PAM 信号

10. 解码器收到中继线传来的 HDB3 码,要变成(   )再进行解码。

A. AMI 码   B. RZ 码

C. NRZ 码   D. AMI 码后再变成 NRZ 码

11. 模拟中继单元是数字交换网和(   )之间的接口。

A. 数字用户线   B. 数字中继线

C. 模拟用户线   D. 模拟中继线

12. 用户电路中的 BORSCHT 中"R"和"H"表示(   )。

A. 过压保护和馈电   B. 监视和混线

C. 振铃和 2/4 线变换   D. 过压保护和测试

13. 数字信号与模拟信号的主要区别是( )。

A. 取值时间上是否离散　　　　　　B. 幅值是否离散

C. 时间和幅值是否都离散　　　　　　D. 以上都不对

14. No.7 信令第三级中消息识别功能主要是检查收到的消息中的( )。

A. CIC　　　　　B. SIO　　　　　C. DPC　　　　　D. OPC

15. 在 PCM30/32 路帧结构中,每一帧由( )个时隙组成。

A. 16　　　　　B. 30　　　　　C. 32　　　　　D. 4

16. 时分接线器负责( )换,空分接线器负责( )。

A. 线间,时隙间　　　　　　　　B. 用户,中继

C. 时隙间,线间　　　　　　　　D. 中继,用户

17. T 接线器中的话音存储器每一单元为( )bit。

A. 8　　　　　B. 6　　　　　C. 4　　　　　D. 16

18. 程控交换机的硬件组成不包括( )。

A. 话路部分　　　B. 控制部分　　　C. 中继线　　　D. 输入输出设备

19. 模拟用户电路的功能不包括( )。

A. 馈电　　　B. 过压保护　　　C. 混合电路　　　D. 时钟提取

20. 在模拟用户电路七大功能中,C 指的是( )。

A. 馈电　　　B. 过压保护　　　C. 振铃　　　D. 编译码

21. No.7 信令单元中能够区分 3 种不同的信令单元的字段是( )。

A. 标志码　　　　　　　　　　B. 长度指示码

C. 状态字段　　　　　　　　　　D. 业务消息码组

22. 设 T 接线器的输入线为二次群母线,则话音存储器 SM 的存储单元个数为( )。

A. 32　　　　　B. 64　　　　　C. 128　　　　　D. 256

23. 国际信令点编码采用的二进制位数是( )。

A. 12　　　　　B. 24　　　　　C. 48　　　　　D. 14

24. 信令连接控制部分 SCCP 增强的是( )。

A. MTP 的功能　　　　　　　　B. TUP 的功能

C. INAP 的功能　　　　　　　　D. OMAP 的功能

25. 用户电路的 BORSCHT 七大功能中的 O 是指( )。

A. 监视　　　B. 振铃　　　C. 馈电　　　D. 过压和高压保护

26. 我国国际信令点编码中大区识别号是( )。

A. 1　　　　　B. 2　　　　　C. 3　　　　　D. 4

27. 在 ZXJ10 程控仿真软件中,外围交换模块 PSM 的模块号不能为( )。

A. 1　　　　　B. 2　　　　　C. 3　　　　　D. 4

28. 在共路信令方式下,数字中继器中所有话路的状态和用户号码等信令都以数据分组方式进行传送,它可以占用除( )外的任何时隙。

A. TS0　　　　　B. TS1　　　　　C. TS2　　　　　D. TS3

29. 控制子系统的核心是( )。

A. CPU　　　B. 存储器　　　C. 外围设备　　　D. 远端接口

三、判断题

( )1. 信令点编码是全世界范围内统一的,利用 24 位的信令点编码可对世界上任一信令点寻址。

( )2. 目前,我国国内信令网采用 24 位全国统一编码计划。

( )3. 我国 No.7 信令网由 HSTP、LSTP 和 SP 三级组成。

( )4. No.7 信令系统工作方式一般有直联和准直联两种方式。

( )5. No.7 信令系统采用等长度的信令单元格式传送信令消息。

( )6. No.7 信令系统只适用于电话网及电路交换的数据网。

( )7. 信令链路间应尽可能采用分开的物理通路。

( )8. T 接线器的输出控制方式是指 T 接线器的控制存储器按照控制写入,顺序读出方式工作。

( )9. PAM 信号是模拟信号。

( )10. T 接线器无论工作在输入控制方式还是工作在输出控制方式,其控制存储器都是按照控制写入,顺序读出的方式工作的。

( )11. PCM30/32 一次群系统采用 13 折线 μ 律压扩特性。

( )12. T 接线器的功能是完成不同时分复用线时隙交换。

( )13. IAI 一般指带有主叫号码的初始地址消息。

( )14. T 接线器中,控制存储器的容量与话音存储器的容量一般不相同。

( )15. No.7 信令系统采用等长度的信令单元格式传送信令消息。

( )16. 一般情况下,S 接线器的入线数＝出线数＝控制存储器 CM 的个数。

( )17. 程控电话网中电话机由程控交换机的数字交换网络供电。

( )18. S 接线器的功能是完成不同时分复用线同一时隙的交换。

( )19. 信令消息是不进入数字交换网络进行交换的。

四、简答题

1. 简述模拟用户电路的基本功能。

2. 简要说明数字中继器的主要功能。

3. 常用电话用户信令消息有哪些?

4. 简述信令的基本概念及其分类。

5. 简述 No.7 信令系统的 4 个功能级。

6. No.7 信令网由哪几部分组成?

7. No.7 信令工作方式由哪几种?

8. MTP 由哪几部分构成?简述各部分的功能。

9. 什么情况下发生双向电路同抢?如何解决?

10. 简述 SCCP 的基本功能及业务类型。

11. 结合自己打电话的经验描述一次电话通信过程中的信令流程。

五、综合题

1. 画出与 OSI 模型对应的 No.7 信令系统结构,并说明各部分的功能。

2. 画出 MSU 信令消息格式。

3. 画出 TUP 信令市话呼叫信令流程。

4. 画出采用分级控制的程控数字交换机的结构图,并说明各组成部分的功能。

5. 某一 T 接线器共需进行 256 时隙的交换,现要进行 TS16 到 TS225 的信息交换,请分输入控制和输出控制两种情况分别画出 SM 和 CM。

6. 某次通话信令流程如图 2-71 所示。

(1) 这次通话属于市话还是长途电话?

(2) 话终是主叫先挂机还是被叫先挂机? 为什么?

(3) 对此信令中几个信令消息进行解释。

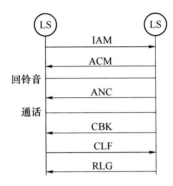

图 2-71 某次通话信令流程

模块三　分组交换模块

本章内容

- 分组交换原理；
- 分组交换技术；
- IP 网交换设备；
- IP 交换网组网实验。

本章重点

- 分组交换原理；
- IP 交换技术；
- 交换机/路由器基本配置。

本章难点

- MPLS 交换。

学习本章目的和要求

- 掌握分组交换概念和原理；
- 了解分组交换技术的发展；
- 掌握 IP 交换技术；
- 掌握交换机/路由器基本配置。

3.1　分组交换基础

3.1.1　分组交换的起源

分组交换思想源于计算机网络的研究。计算机数据的产生往往是"突发式"的，比如当用户用键盘输入数据和编辑文件时，或计算机正在进行处理而未得出结果时，通信线路资源实际上是空闲的，从而造成通信线路资源的极大浪费。据统计，在计算机间的数据通信中，用来传送数据的时间往往不到 10%，甚至不到 1%。另外，由于不同的计算机和终端的传输数据的速率各不相同，采用电路交换就很难相互通信。为此，必须寻找出一种新的适应计算机通信的交换技术。1964年,巴兰(Baran)在美国兰德(Rand)公司"论分布式通信"的研究报告中提出了存储-转发(store and forward)的概念。1962—1965年,美国国防部的高级研究计划署(Advanced Research Projects Agency,ARPA)和英国的国家物理实验室(National Physics Laboratory,NPL)都在对新型的计算机通信技术进行研究。英国NPL的戴维德(David)于1966年首次提出了"分组"(Packet)这一概念。1969年12月,美国的ARPANET网络中传送的信息被划分成分组,该网称为分组交换网(当时仅有4个交换节点投入运行)。ARPANET的成功,标志着计算机网络的发展进入了一个新纪元。现在大家都公认ARPANET为分组交换网之父,并将分组交换网的出现作为现代电信时代的开始。

3.1.2　分组交换原理

分组交换网是由若干节点交换机和连接这些交换机的链路组成,每一节点就是一个小型计算机。它的工作原理是:首先将待发的数据报文划分成若干个大小有限的短数据块,在每个数据块前面加上一些控制信息(即首部),包括诸如数据收发的目的地址、源地址,数据块的序号等,形成一个个分组,然后各分组在交换网内采用"存储-转发"机制将数据从源端发送到目的端。由于节点交换机暂时存储的是一个个短的分组,而不是整个的长报文,且每一分组都暂存在交换机的内存中并可进行相应的处理,这就使得分组的转发速度非常快。由此可见,通信与计算机的相互结合,不仅为计算机之间的数据传递和交换提供了必要的手段,而且也大大提高了通信网络的各种性能。由此可见,采用存储-转发的分组交换技术,实质上是在计算机网络的通信过程中动态分配传输线路或信道带宽的一种策略。

值得说明的是,分组交换技术所采用的存储-转发原理并不是一个全新的概念,它是借鉴了电报通信中基于存储-转发原理的报文交换的思想。它们的关键区别在于通信对象发生了变化。基于分组交换的数据通信是实现计算机与计算机之间或计算机与人之间的通信,其通信过程需要定义严格的协议;而基于报文交换的电报通信则是完成人与人之间的通信,因而双方之间的通信规则不必如此严格定义。所以,分组交换尽管采用了古老的交换思想,但实际上已变成了一种崭新的交换技术。

在分组交换网中是以分组为单位进行交换和传的,分组交换方式示意图如图3-1所示。

我们把终端根据是否能发送和接收分组分为两类:一类是分组型终端(PT),本身就可以进行报文的拆分和重组,以分组的形式发送和接收信息(图3-1中的用户B和C是分组型终端);另一类是非分组型终端(NPT),以报文(或字符流)的形式发送和接收信息,需要在分组交换网的边界处由分组装拆设备(PAD)分别在发送和接收的方向上进行报文的拆分和重组(图3-1中的用户A和D是非分组型终端)。

根据分组是否独立寻径,分组的传输方式又分为数据报方式和虚电路方式。但无论哪种方式都要为每一个分组确定在各交换节点处的转发方向,都采用统计时分复用方式使用各段链路。数据报方式为每个分组独立寻径,属于同一个终端的某应用进程的各个分组可以在网内沿不同的路径传输,需要给每个分组标出序号,以便在接收终端能进行排序、重组(图3-1中的用户A在交换机1的交换处理就是数据报方式)。而虚电路方式在通信前需要为属于同一个终端的某个应用进程的各个分组事先选定一条相同的路径,各分组依次在该

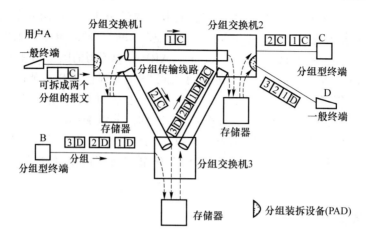

图 3-1　分组交换方式示意图

路径上传输,可以将序号省去。虚电路方式虽然是面向连接的,但只是建立一条逻辑上的连接,并不像电路交换方式那样独占连接电路,为区别于电路交换方式,故称为虚电路方式(图 3-1 中的用户 B 在交换机 3 的交换处理就是虚电路方式)。

采用虚电路方式时,一条物理链路上可以建立多条虚电路,如何区分不同终端的分组呢？分组交换方式使用逻辑信道号作为某段链路上属于某条虚电路的分组的标识,并且逻辑信道号在建立虚电路时由途经的各交换机进行独立分配,所以在组成一条虚电路的各个不同的链路段上的逻辑信道号可以是不同的,我们可以认为一条虚电路由一串逻辑信道号标识,但在各段链路上,有且只有该段链路上的那个逻辑信道号在起作用,分组在经过交换节点时,由交换机查转发表(只有相邻的交换机的转发表是关联的,可见路由数据是分布的,和数据报方式一样各节点交换机只需要确定下一步的转发方向)进行逻辑信道号的变换。分组交换网中的虚电路连接示意图如图 3-2 所示。

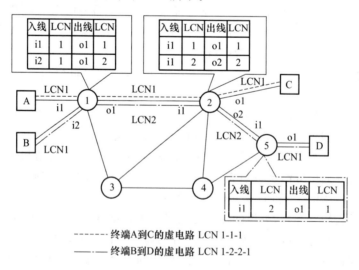

图 3-2　分组交换网中的虚电路连接示意图

3.1.3　分组交换的特点

1. 分组交换的优点

分组交换的主要优点如下。

(1) 高效:在分组传输的过程中动态分配传输带宽。

(2) 灵活:每个节点均有智能,可根据情况决定路由和对数据做必要的处理。

(3) 迅速:以分组作为传送单位,在每个节点存储、转发,网络使用高速链路。

(4) 可靠:完善的网络协议;分布式多路由的通信子网。

2. 分组交换的缺点

与电路交换相比,分组交换的不足之处如下。

(1) 每一分组在经过每一交换节点时都会产生一定的传输延时,考虑到节点处理分组的能力和分组排队等候处理的时间,以及每一分组经过的路由可能不同,使得各分组的传输延时长短不一。因此,它不适用于一些实时、连续的应用场合,如电话话音、视频图像等数据的传输。

(2) 由于每一分组都额外附加一个头信息,从而降低了携带用户数据的通信容量。

(3) 分组交换网中的每一节点需要更多地参与对信息转换的处理,如在发送端需要将长报文划分为若干段分组,在接收端必须按序将每个分组组装起来,恢复出原报文数据等,从而降低了数据传输的效率。

3.2　分组交换技术

为了满足人们不断增长的信息需求,分组交换技术随着计算机网络技术、微电子技术、光传输技术、移动通信技术等方面的技术发展而迅速发展。下面介绍公用数据网中使用的主要分组交换技术。

3.2.1　X.25 分组交换技术

ARPANET 和一些专用分组交换网的试验,促进了分组交换进入公用数据网,形成分组交换公用数据网(Packet Switched Public Data Network,PSPDN)。X.25 系列建议是原 CCITT 提出的用于分组交换公用数据网的协议栈,它是功能最为完备的一套通信协议。人们常把分组交换公用数据网简称为 X.25 网。

1. X.25 建议

在分组通信网中,终端设备是通过接口接入分组交换机的,因此,为了使得各种终端设备都能和不同的分组交换机进行连接,接口协议就必须标准化。

在分组交换网中,主机和网络的接口协议称为 X.25 建议。X.25 建议是数据终端设备(DTE)和数据电路终接设备(DCE)之间的接口规程。X.25 使得两台 DTE 可以通过 MODEM(模拟线路)或数据业务单元(DSU)(数字线路)利用电话网络进行通信。X.25 在数据通信网中的位置如图 3-3 所示。

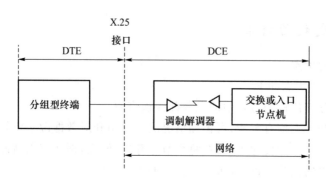

图 3-3　X.25 在数据通信网中的位置

X.25 建议是在传输介质质量较差、终端智能较低以及对通信速率要求不高的历史背景下,由原 CCITT 按照电信级标准制定的,它含有复杂的差错控制和流量控制措施,只能提供中低速率的数据通信业务,主要用于广域网互连。

X.25 建议规定了 DTE 和 DCE 之间相应级交换信息的规程,X.25 由三层组成,包括物理层、数据链路层以及网络层协议,对应于 ISO 的互连参考模型(OSI-RM)中的低 3 层协议。X.25 的分层结构如图 3-4 所示。从第 1 层到第 3 层数据传输单位分别是比特、帧和分组。

① 物理层定义 DTE(如计算机、智能终端、前端通信处理机等)与 DCE(如网络节点、分组交换机等)之间建立物理连接和维持物理连接所必需的机械、电气、功能和规程。

② 数据链路层定义数据链路控制过程,即控制链路的操作过程和纠正通信线路的差错。采用 HDLC 的子集 LAPB 作为该层的标准。

③ 分组层定义 DTE 与 DCE 之间数据交换的分组格式和控制过程,包括多条逻辑信道到一条物理连接的复用,分组流量控制和差错控制等。

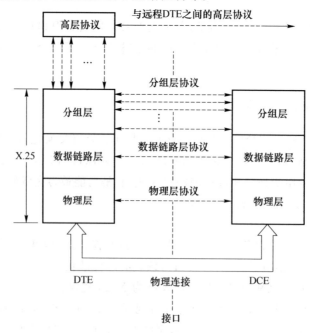

图 3-4　X.25 的分层结构

2. PAD 及相关建议

X.25 分组交换网要求进入网络的数据或控制信息都必须是按照 X.25 规程格式的分组。这些分组以同步的方式进入 X.25 网络,然后又以同样方式离开网络传输到另一个主机。许多用户使用的是按字符方式工作的。也就是说,这些终端每次向网络发送一个字符而不是发送连续的分组流。显然,这种字符方式终端是不能直接与 X.25 网络相连的。

分组型终端能够将字符流组装成分组格式的数据或将分组格式的数据还原成字符流的终端,可以采用 X.25 建议直接进入分组交换网。但对于大量的异步终端(也称起止式终端或字符终端),只能发送和接收字符流,不具备将字符流组装成分组或将分组拆卸成字符流的能力。另外还有一些执行其他协议(如 IBM SDLC 和 BSC 协议)的终端,这些终端设备要想进入分组交换网,必须经过分组装/拆设备(PAD)。为此,原 CCITT 制定了相关的标准——X.3,X.28 和 X.29 建议。X.3 是公用数据网分组组装和拆分标准;X.28 是起止式数据终端进入公用数据网 PAD 的 DTE/DCE 接口;X.29 是 PAD 与分组终端(PT)或另一个 PAD 之间的交换控制信息和用户数据的建议,它们和 X.25 建议在分组数据网所起的作用如图 3-5 所示。

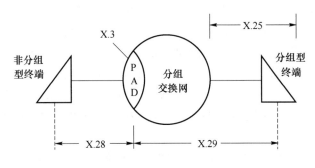

图 3-5　PAD 协议的作用

3. X.25 网间互连协议

(1) X.75 建议

X.75 建议是原 CCITT 为不同的分组交换网之间互连互通而制定的协议规程,另外,有些交换机之间互连时也采用 X.75 建议。其设计与 X.25 建议相似,因此简化了网间互连的过程。X.75 建议的主要特点如下。

① 与 X.25 一样,X.75 也分为物理层、数据链路层和分组层。X.75 数据链路层采用 LAPB 规程,还支持多链路规程(Multi Link Procedure,MLP)。

② X.25 是 DTE 和 DCE 间的接口,而 X.75 是一个网络的信令端接设备(STE)和另一个网络的信令端接设备间的接口。STE 是完成网间互连的功能模块,它将各网的虚电路衔接起来,实现网间互连,如图 3-6 所示。图中,源点主机在分组网 1 中,终点主机在分组网 2 中,它们的互连通过相邻的 3 条虚电路 $VC_1 \sim VC_3$ 完成。

③ X.75 在虚电路建立与释放过程中的呼叫建立分组和释放分组,由一个信号终端透明地传送到下一个信号终端,它不对源点主机发出的 X.25 呼叫请求分组做出任何响应,如回送呼叫接收分组。

④ 在虚呼叫建立与释放分组中,X.75 与 X.25 在格式上的主要差别是 X.75 比 X.25 多一个网间业务字段,用于传送网间有关的计费及路由信息等。

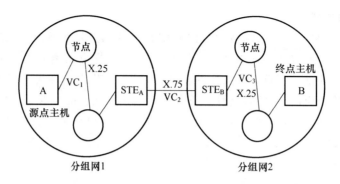

图 3-6　通过 X.75 的网间互连

⑤ X.25 是 DTE 和 DCE 之间的接口,两者是不对称的,而 X.75 是 DCE 和 DCE 之间的接口,是通过 DCE 内的信号终端设备来实施的,两者是对称的。

（2）X.32 建议

X.32 建议是按分组方式操作和经公用电话交换网、综合业务数字网或公用电路交换网接入分组交换网的分组型终端 DTE 和 DCE 之间的接口标准。

PT 接入分组交换网(PSN)必须要经过 X.25 建议,且一定要用专线接入,如果申请专线有困难或通信的数据量不很大,用专线不合算时,可采用公用电话网的交换线路,由于 X.25 建议不能在交换线路上操作,因此必须提出一个新的建议,即 X.32 建议。

X.32 建议是 X.25 建议的扩充,它是在 X.25 建议基础上增加了以下功能。

① 为了适应公用电话交换网(PSTN),增加了拨通该网及接收该网呼叫的功能,简称为拨入、拨出功能。

② 为了网络的安全性,增加了 DTE 和 DCE 之间的身份识别功能。X.32 建议中关于 DTE 的识别提供了 4 种方法:①由公用交换网提供识别;②使用数据链路层交换识别规程进行识别;③使用分组层登记规程进行识别;④使用呼叫建立分组中的网络用户标识符(Network User Identifier,NUI)识别。前 3 种是在虚呼叫建立之前进行的识别,它也适用于 DCE 的识别,后一种是在虚呼叫建立过程中的识别。

另外,X.121 建议是关于公用分组交换网的编号方案。

4. X.25 的分组格式

X.25 建议定义了每一种分组及其功能,分组包括分组头和用户数据两部分,其长度因分组类型不同而异。X.25 的分组可以分为数据分组和控制分组两种。它们都有一个公共的部分称为分组头,表头由 3 个字节构成,如图 3-7 所示,分组头可以分为 3 个部分。

（1）通用格式标识符

通用格式标识符(General Format Identifier,GFI)由分组头的第 1 字节的第 5 位至第 8 位组成,它为分组定义了一些通用的功能,其格式如图 3-8 所示。其中,Q 比特用来区分传输的分组包含的是用户数据还是控制信息。若 $Q=0$ 表示是用户数据信息;若 $Q=1$ 表示是控制信息。D 比特是传输确认比特,用于数据和呼叫建立分组中的数据传送证实。若 $D=0$ 表示数据分组由本地 DEC 确认;若 $D=1$ 表示数据分组由远端 DTE 确认。SS 比特表示分组的顺序编号的方式。若 SS＝01 表示数据分组的顺序编号按模 8 方式工作(3 bit);若 SS＝10 表示按模 128 扩展方式工作(7 bit)。

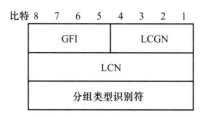

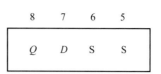

GFI：通用格式识别符
LCGN：逻辑信道群号
LCN：逻辑信道号

Q：限定符比特
D：传送确认比特
SS：模式比特

图 3-7　分组头格式　　　　　　图 3-8　GFI 格式

（2）逻辑信道群号和逻辑信道号

逻辑信道群号和逻辑信道号（LCGN+LCN）用于区分 DTE-DCE 接口中不同的逻辑子信道。其中，LCGN 为 4 bit，由分组头的第 1 字节的第 1 位至第 4 位组成，表示逻辑信道群号；LCN 为 8 bit，位于分组头的第 2 字节，表示逻辑信道号，总共 12 bit 构成 16 个群，每个群有 256 条逻辑信道。也就是说，理论上每个 DTE 同时可以有 4 096 个（全"0"不用）不同的虚电路逻辑信道可供通信选用。逻辑信道 0 只用于诊断分组，用户可以使用的逻辑信道为 4 095 个。

（3）分组类型识别符

分组类型标识符用于区分各种不同类型的分组，它位于分组头的第 3 字节，共 8 bit。其中，分组类型标识符的第 1 位为"0"时表示该分组是数据分组；为"1"时表示该分组是控制类型的分组。

5. X.25 分组交换网的业务功能

X.25 分组交换网提供的业务功能分为 3 类：基本业务功能、用户任选的补充业务功能和增值业务功能。

（1）基本业务功能

基本业务功能是指分组网向所有的网上用户提供的基本服务功能。基本业务功能分为交换虚电路（SVC）和永久虚电路（PVC）两类。

所谓虚电路就是在数据交换之前，分组交换网根据全网络的运行状况，所确定的在当时情况下通信双方数据传输的最佳逻辑路由。该逻辑电路由数据传输途径的各段逻辑信道连接而成。逻辑电路只有在数据传输时才被分配占用。

① SVC。SVC 是每次通信时双方建立的虚电路。数据终端间要通信时，先要拨号建立虚电路，通信结束后再释放虚电路。通常称通信开始到释放虚电路为一次呼叫，所以交换虚电路业务又称为虚呼叫业务。分组交换网中的任何终端之间都可以建立虚电路。

② PVC。PVC 同租用专线一样，在两个用户之间建立固定的通路。它的建立由网络管理中心预先根据用户需求而设定，因此在用户使用时，只有数据传输阶段，而无呼叫建立和释放电路阶段。它适合于两个用户间的通信比较频繁、通信量较大的场合。

（2）用户任选的补充业务功能

除上面介绍的基本业务功能外，分组交换网还为用户提供任选的补充业务功能。用户任选的补充业务功能又分为在合同期内使用的和在每次呼叫时使用的用户任选补充业务。

(3) 增值业务功能

分组交换网除了提供基本业务功能和用户任选的补充业务功能外,还提供了增值业务功能,如电子信箱、电子数据交换、传真存储转发和可视图文等。

3.2.2 帧中继技术

1. 帧中继的概念

帧中继(Frame Relay,FR)技术是以分组交换为基础的快速分组交换技术,它是对X.25 分组协议进行的简化和改进,是在 OSI-RM 第二层上用简化的方法传送和交换数据单元的一种技术,以帧为单位进行存储-转发。帧中继交换机仅完成 OSI-RM 中物理层和链路层的核心子层的功能,而将流量控制、纠错控制等留给用户终端去完成,大大简化了节点机之间的协议,缩短了传输时延,提高了传输效率。

2. 帧中继发展的必要条件

从分组交换技术发展到帧中继技术,从社会需求角度来说,是由于局域网的广泛应用,网络互连后需要快速地、突发性地传输大量的数据,而分组交换技术由于协议过于复杂,不能满足其带宽需求。而从技术角度来说,则得益于以下两个方面。

(1) 光纤传输线路的使用。随着数字通信的发展以及光纤传输线路的大量使用,数据传输质量大大提高,光纤传输线路的误码率一般低于 10^{-11}。也就是说在通信链路上很少出现误码,即使偶尔出现的误码也可由终端处理和纠正。

(2) 用户终端的智能化。用户终端的智能化(如计算机的使用),使终端的处理能力大大增强,从而可以把分组交换网中由交换机完成的一些功能(如流量控制、纠错等)交给终端去完成。

由于帧中继的发展具备这两个必要条件,使得帧中继交换机可以省去纠错控制等功能,从而使其操作简单,既降低了费用,又减少了时延,提高了信息传输效率,同时又能够确保传输质量。

3. 帧中继协议

帧中继的国际标准是由多个标准化组织、生产厂商协作开发的。这些组织有国际电信联盟(ITU-T,原 CCITT)、美国国家标准委员会(ANSI)和帧中继论坛。这 3 个组织都各自制定了一系列标准。

帧中继协议分为用户(U:User)平面和控制(C:Control)平面两部分。用户平面是完成用户信息传递所需的功能及协议;控制平面则是有关控制信号的功能及协议。本书只介绍用户平面的协议结构,如图 3-9 所示。

帧中继用户平面的协议结构分为两层:物理层和数据链路层(Data Link,DL)。其中,数据链路层又可分为两个子层:DL 控制子层和 DL 核心子层。DL 控制子层的主要功能是建立和释放数据链路层的连接,在帧中继情况下,由于网络不存在连接建立和释放,因而不存在 DL 控制子层。

帧中继的节点机消除了 X.25 建议的第 3 层功能,并简化了第 2 层的功能,仅完成物理层和链路层核心层的功能。

4. 帧中继的帧结构

Q.922 核心层的帧格式(即帧结构)如图 3-10 所示。

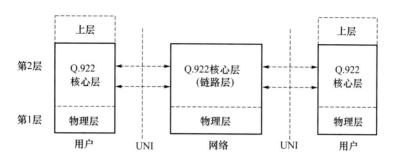

图 3-9 帧中继协议结构

（1）F(Flag)：标志字段

标志字段为 1 字节，格式为 01111110，用于帧定界。所有的帧以标志字段开头和结束，一帧的开始标志也可作为下一帧的起始标志。为了保证数据的透明传输，其他字段中不允许出现 F 字段，帧中继 Q.922 核心协议也采用"0"比特填充的方法。

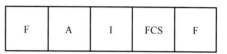

F：标志 A：地址 I：信息 FCS：帧校验序列

图 3-10 帧中继的帧格式

（2）A(Address)：地址字段

地址字段用于区分同一链路上多个数据链路连接，以便实现帧的复用/分用。地址字段的长度为 2 字节，根据需要也可以扩展到 3 字节或 4 字节。2 字节的地址字段如图 3-11 所示。

DLCI：数据链路连接标识符 FECN：前向显式拥塞通知
BECN：后向显式拥塞通知 EA：地址扩展
DE：舍弃指示 C/R：命令/响应

图 3-11 地址字段格式（2 字节）

① DLCI：数据链路连接标识符，10 bit，用于区分不同的逻辑连接，实现帧复用。与 X.25 网中的逻辑信道号类似，一条虚连接由各链路段上的 DLCI 决定，DLCI 信息分布在各节点交换机中的转发表中，如图 3-12 所示。

② EA：地址扩展比特，EA＝0 表示下一字节仍为地址字段，EA＝1 表示这是地址字段的最终字节。

③ C/R：命令/响应比特，Q.922 帧格式的地址字段不使用 C/R 比特，它可为任意值。

④ DE：丢弃指示比特，用于带宽管理。当 DE 置"1"说明当网络发生拥塞时，可考虑将其丢弃。

⑤ FECN：前向显示拥塞通知比特，用于拥塞管理，通知下游节点本节点发生了拥塞，下游节点应采取相应措施防止拥塞扩散。

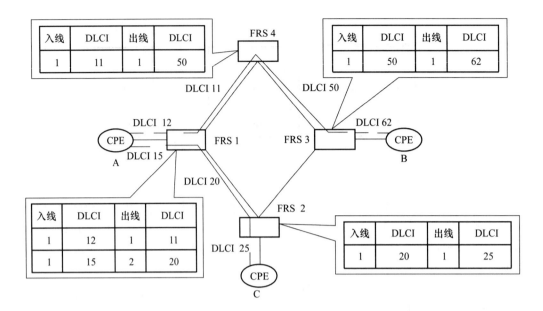

FRS：帧中继交换机　CPE：用户前端设备　DLCI：数据链路连接标识符

从A到B的帧中继逻辑链路：DLCI的12，11，50，62

从A到C的帧中继逻辑链路：DLCI的15，20，25

图 3-12　帧中继交换机的转发表

⑥ BECN：为后向显示拥塞通知比特，用于拥塞管理，通知上游节点本节点发生了拥塞，上游节点应采取相应措施防止拥塞扩散。

（3）I(Information)：信息字段

信息字段包含的是用户数据，可以是任意长度的比特序列，但必须是整数个字节。帧中继信息字段的最大长度一般为 262 B(网络应能支持协商的信息字段的最大字节数至少为 1 600)。

（4）FCS(Frame Check Sequence)：帧校验序列

FCS 同 HDLC 帧一样，采用循环冗余差错检验法来校验帧的差错，长度为 2 B。

3.2.3　ATM 技术

20 世纪 80 年代，ATM 曾是国际通信领域的一个研究热点。B-ISDN 是电信网发展的方向，电信运营商一度把 ATM 看作是 B-ISDN 的核心技术。于是世界上许多国家搭建了自己的 ATM 网，中国公用多媒体 ATM 宽带网(CHINAATM)就是原中国电信投资建设并经营管理的以 ATM 技术为基础的，向社会提供超高速综合信息传送服务的全国性网络。

1. ATM 概述

（1）ATM 的概念

ATM(Asynchronous Transfer Mode)译为异步转移模式(或称为异步传输模式、异步传送模式)。ATM 是一种采用名叫信元(cell)的固定长度分组为信息传输和交换基本单元、异步时分复用、传送任意速率的宽带信号和数字等级系列信息的快速分组交换技术。它可综合任意速率的话音、数据、图像和视频业务。

ATM 的基本概念可归结为两点。

① 面向连接的快速分组交换技术。

② 基于固定长度信元(53 B)的异步转移技术。各种类型的信息流(包括语音、数据及视频等)均被适配成固定长度(53 B)的"信元"进行接入、传输和交换。"异步"是指在传输和接续中用户端带宽的分配方式。术语"转移"包括了传输和交换两个方面,所以"转移模式"是指信息在网络中传输和交换的方式。

(2) ATM 的特点

ATM 是一种采用异步时分复用技术的特殊分组交换技术,其主要特点如下。

① 采用固定长度信元。ATM 系统将待传输的用户信息分成固定长度(53 B)的信元,不受数据类型的影响。这种方式为信息处理带来极大的方便。

② 采用异步(统计)时分复用方式,具有动态分配带宽的能力,有效利用网络资源。

③ 面向连接的方式,同一虚连接中信元顺序保持不变。ATM 在每一个信元的信头中包含有虚通道(VP)和虚通路(VC)两级识别目的地址的信道标识符。

④ 信息域被透明传输,简化了结构。ATM 除了几个特殊信元外,主要处理的只是承载用户信息的信元中信头的 5 B,而对 48 B 的信息内容不加处理。

⑤ 综合多种业务,应用广泛。ATM 可以解决实时和非实时等多种业务的综合传送,如语音、图像、视频及多媒体等。

⑥ ATM 既有电路交换的优点,又有分组交换的特点。

(3) ATM 信元

ATM 以信元为基本的信息传递单位。ATM 的信元是一种具有固定长度的数据分组。ITU-T 在 I.361 建议中有明确的规定。一个 ATM 信元由 53 B 构成,其中前 5 B 称为信头(header),后面 48 B 称为信息字段(information field)(或称净负荷、净荷),信元结构如图 3-13 所示。ATM 的交换控制是根据信头而进行的,因此 ATM 信元结构与信头格式的标准化是极其重要的。

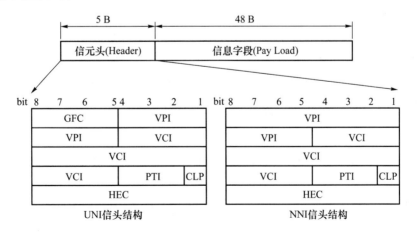

图 3-13 ATM 信元结构和信头结构

根据 ITU-T 建议,当 ATM 信元在用户与网络接口(UNI)之间或网络与网络接口

(NNI)之间传传输时,其信头结构略有不同,其差别在于是否留有 GFC 字段以及用于路由选择字段(虚通道标识符(VPI)和虚通路标识符(VCI))的长度,即在 UNI 中,信头第 1 字节的高位 4 bit 构成一个独立单位,称为一般流量控制(GFC),而在 NNI 中,它属于 VPI 部分。

ATM 信元头各字段的含义如下。

① GFC:一个 UNI 接口上往往接有多个终端设备,它们共享缓冲器、接口线路等资源,需要对它们发送的业务量进行控制,以减少可能出现的网络过载。

② VPI:表明虚通道的号码,用于虚通道的路由选择。一个虚通道可含有若干个虚通路(VC)。

③ VCI:表明虚通路的号码,用于虚通路的路由选择。它随着呼叫的产生和释放而生成和消失。

④ PTI(3 bit):净荷类型标识符。其作用是用来表示信元中的有效负荷是用户信息还是网络 OAM 信息。它包括信元类型、拥塞状态指示及是否是最后信元等信息。

用户信元类型(bit 4)是用来区别信元携带的是用户数据(bit 4=0)还是 OAM 数据(bit 4=1)。当 bit 4=0 时,拥塞状态指示(bit 3)指示信元是否通过拥塞交换,bit 3=0 表示无拥塞,bit 3=1 表示有拥塞;(bit 2)用来区分是否是最后用户信元,bit 2=0,标识用户数据块未结束,bit 2=1,标识此用户数据块是最后一个数据块。

⑤ CLP:信元丢弃优先级。当网络拥挤时,优先级低的信元被丢弃,而优先级高的信元则不被丢弃。CLP 用来说明该信元的优先级。CLP=1 表示是低优先级信元,网络拥塞时可丢弃;CLP=0 的信元则不可丢弃,网络尽量保证传输。

⑥ HEC:信头差错控制。用来进行信头(前 4 B)差错检测和纠正(用于仅有 1 bit 错时)并完成信元的定界功能。其校验多项式是 x^8+x^2+x+1。

在信头的各个组成部分中,VPI 和 VCI 是最重要的标识符。这两个部分组合起来便构成一个信元的路由信息。ATM 交换就是依据各个信元上的 VPI 和 VCI,来决定把它们送到哪一条出线上,动态地改变 VPI 和 VCI,即可改善网络的灵活性和可靠性。

2. ATM 协议参考模型

ATM 技术标准和规范主要由 ITU-T、ANSI 和 ATM 论坛制定。

ATM 协议参考模型基于国际电联(ITU)的标准产生,如图 3-14 所示。它包括 3 个面:用户面(User)、控制面(Control)和管理面(Management)。而在每个面中又是分层的,分为物理层、ATM 层、ATM 适配层(AAL)和高层。

用户面——采用分层结构,提供端到端的用户信息传送,同时也具有一定的控制功能,如流量控制、差错控制等。

控制面——采用分层结构,完成呼叫控制和连接控制功能,处理寻址、路由选择和接续功能。

管理面——包括层管理和面管理,提供操作和管理功能,它也管理用户面和控制面间的信息交换。

ATM 的协议结构由 ITU-T 标准产生,如图 3-15 所示。它可分为 3 层:AAL 层、ATM 层和物理层。AAL 层主要负责将业务信息适配成 ATM 信元;ATM 层,主要完成信元交换、路由选择和多路复用;物理层主要用来在相邻的 ATM 层间传送 ATM 信元,

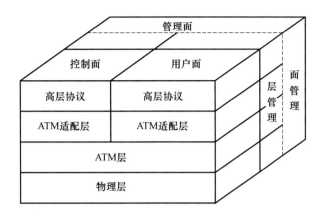

图 3-14 ATM 协议参考模型

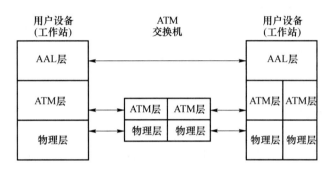

图 3-15 ATM 协议结构

完成信息的传输。这些层又可进一步划分成子层,每个子层执行一些功能,如表 3-1 所示,下面具体介绍每层的功能。

表 3-1 ATM 分层及各层功能

层 名 称			功 能
层管理	AAL 层	汇聚(CS)子层	会聚功能,即将业务数据变换成 CS 数据单元
		分段和重组 (SAR)子层	分段与重组,在此层内以信元为单位对 CS 数据单元分段或重组
	ATM 层		一般流量控制,信头的产生/提取,VPI/VCI 翻译、信元复用和分用
	物理层	TC 子层	信元速率解耦,HEC 的产生/验证,信元定界(识别),传输帧适配,传输帧产生/恢复
		PMD 子层	比特定时,物理载体

（1）物理层

ATM 模型最底层是物理层。物理层负责典型的物理层功能,如比特传输、比特接收和比特同步等。ATM 论坛定义的 ATM 物理层接口有:同步数字体系(SDH)的同步转移模式-N(STM-N)（$N=1,4,16$）,对应的数据速率为 155.520 Mbit/s,662.080 Mbit/s,2 488.320 Mbit/s;SONET 的同步传输信号-M(STS-M)（$M=1,3,12,48$）,对应的数据速率为 51.8 Mbit/s,155.520 Mbit/s,662.080 Mbit/s,2 488.320 Mbit/s;准同步数字体系(PDH)系统

接口,如 2.048 Mbit/s;4 B/5 B(在 ATM 局域网中使用,数据速率为 100 Mbit/s,线路速率为 125 Mbit/s)与 8 B/10 B 接口(在 ATM 局域网中使用,数据速率为 155.520 Mbit/s)等。

物理层由传输汇聚(TC)子层和物理介质相关(PMD)子层组成。物理介质相关子层负责在合适的物理介质上正确地发送和接收数字比特,并将数字比特流送到 TC 层。它具有传输和检测功能,在导线或光缆上传递和识别电信号和光信号;定时功能,给传输信号产生定时信号,并为接收信号提取定时;线路编码和解码。传输汇集子层的功能是实现比特流和信元流之间的转换,即在发送端将信元流按照传统系统的要求组成比特流,在接收端将比特流中的信元正确地识别出来。

（2）ATM 层

在发送端,ATM 层负责生成信元,它接收来自 AAL 的 48 B 信元信息并附加上相应 5 B 信头(HEC 除外),组成 ATM 信元,然后送到物理层进行 HEC 处理和信元的传输。

在接收端,ATM 层从物理层接收信元,去除信头,并将信元信息送到 ATM 层的用户。

ATM 层不管信元信息的内容,它只负责为信元信息生成信头并附给信元信息,以形成信元标准格式。跨越 ATM 层到物理层的信息单元只能是 53 B 的信元。它为 AAL 层和物理层之间提供了接口。

（3）AAL 层

AAL 层是高层协议和 ATM 层间的接口,转换高层协议和 ATM 层之间的信息。它是把来自协议栈高层的用户信息转换成可以纳入 ATM 信元的定长字节与格式,并在目的地把它转换成原来的形式,也可以完成不同速率和特性的业务入网适配。AAL 层增强了 ATM 层所提供的服务,并向高层提供各种不同的服务。ATM 网络通过 AAL 层向用户提供了 4 种类别的服务,即 A、B、C、D 服务,由 4 种类型的 AAL,即 AAL1、AAL2、AAL3/4、AAL5,支持这些服务,并且一种类型的 AAL 可支持多种类别的服务。AAL3 和 AAL4 两种类型合并为一个,记为 AAL3/4,它可支持 C 类别和 D 类别的服务,如表 3-2 所示。

表 3-2　ATM 网络向用户提供的服务

服务类别	A 类	B 类	C 类	D 类
AAL 类型	AAL1、AAL5	AAL2、AAL5	AAL3/4、AAL5	AAL3/4、AAL5
比特率	恒定	可变		
是否需同步	需要		不需要	
连接方式	面向连接			
应用举例	64 kbit/s 话音	变比特图像	面向连接数据	无连接数据

AAL 层又可分成两个子层:CS 子层及 SAR 子层。CS 子层负责为来自用户平面(如 IP 包)的信息单元做分割准备,执行一系列 ATM 适配层业务特定的功能。分段和重组子层功能是当转接高层信息到 ATM 层时,该子层将高层信息分段为固定长度和标准格式的 ATM 信元。与此相反,在向高层转接 ATM 层信息时,接收来自 ATM 层信元,将其重新组装成高层协议信息格式。

3. ATM 交换原理

（1）ATM 交换的概念

将 ATM 信元从一条入线(如有 N 条入线)传送到一条或多条出线(假定有 M 条出线)

的过程为 ATM 信元的交换过程。交换指从一个输入的 ATM 逻辑信道到一个输出的 ATM 逻辑信道的信息交换,这种交换可以在许多输出的逻辑信道中选择。ATM 逻辑信道以 VPI/VCI 来表征。

(2) ATM 交换及虚连接

ATM 连接是逻辑上的虚连接,故称为虚电路。用户间的信元传输必须在虚电路建立之后,才能进行;信元按序发送,并按序到达目的终端;各虚电路拥有自己(在呼叫建立期间协商好)的业务性能参数。

① VP 和 VC 的概念

虚通路(VC):两个终端接入点的逻辑连接。

虚通道(VP):一组虚通路的集合。

在 ATM 中一个物理信道被分成若干个 VP,一个虚通道又被上千个 VC 复用。用 VPI 标识 VP,用 VCI 标识 VC。这样一个呼叫链路可用 VPI/VCI 标识所分配的虚通道和虚通路。在 ATM 交换中,只要将输入的 VPI/VCI 值修改为输出的 VPI/VCI 值,就可以实现信元的交换。物理通道、VP 及 VC 的关系如图 3-16 所示。

② VP 和 VC 的交换过程

ATM 是一种面向连接的技术。当发送端要和接收端通信时,通过 UNI 送一个要求建立连接的控制信号。接收端通过网络收到该控制信号并同意建立连接后,一个虚电路就会被建立。在虚电路中,相邻两个交换节点之间信元的标识 VPI/VCI 值保持不变。在相邻两点间

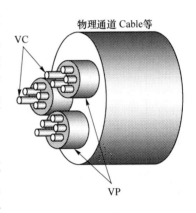

图 3-16　物理通道、VP 及 VC 的关系

形成一个 VC 链(VC Link),一串 VC 链相连形成的 VC 连接称为 VC 连接(VC Connection,VCC)。相应地,VP 链(VP Link)和 VP 连接(VP Connection,VPC)也可以类似的方式形成,如图 3-17 所示。

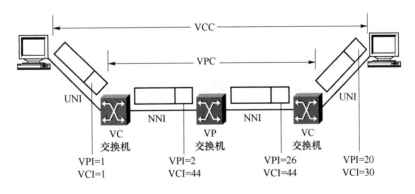

图 3-17　VCC 和 VPC 连接过程

VP 和 VC 交换在网络节点内部进行,只要将输入的 VPI/VCI 值修改为输出的 VPI/VCI 值,就可以实现信元的交换。ATM 信元交换既可在 VP 级进行,也可在 VC 级进行。下面分别介绍 VP 交换和 VC 交换过程。

a. VP 交换过程

VP 交换是指 VPI/VCI 值经过 ATM 交换点时,该交换点根据 VP 连接的目的地,将输入信元的 VPI 值改写为可导向接收端的新 VPI 值赋予信元并输出。此过程被称为 VP 交换。此过程中 VCI 值不变。VP 交换原理可总结为"VPI 值改变、VCI 值不变"。

VPI 和各个 VP 占用的网络资源可由网管系统以半固定的方式分配,因此 VP 半永久地占用一定的网络资源。一个 VP 内的所有 VC 动态地占用这个 VP 的资源,每个 VP 最多可有 4 096 个虚连接。从这个意义上看,虚拟 VP 就像一个复杂大网中的虚拟网络,它简化了大网中的资源管理。VP 的另一作用是可提高主干网的交换效率,一些交换机可以对 VP 进行交换,将一个 VP 内的所有 VC 交换到另一个 VP 内。VP 交换如图 3-18 所示。

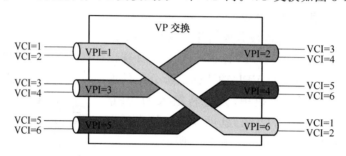

图 3-18　VP 交换过程

b. VC 交换过程

VC 交换是指将输入信元的 VPI 值与 VCI 值同时改写为新值赋予信元并输出。VC 交换如图 3-19 所示,可以看出,VC 交换的原理是"VPI、VCI 值都改变"。ATM 是利用 VP/VC 达到交换与传输数据的目的。

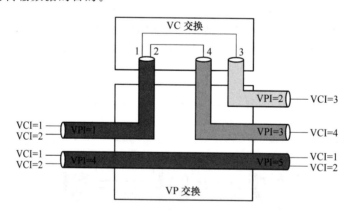

图 3-19　VC 交换过程

③ PVC 和 SVC

虚连接建立过程有两种,永久虚连接(PVC)和交换虚连接(SVC)。

PVC 是由网管建立的永久/半永久连接,用户在传送信息前不需要建立过程来临时建立虚连接。

SVC 是由信令控制建立的连接,用户在传送信息前,要有连接建立过程,也可以有交换虚通道连接和交换虚通路连接。

　　PVC 与 SVC 的不同点在于,SVC 是靠信令来建立的,而 PVC 的建立是通过网管操作来实现的。当前市场上很多 ATM 设备只能实现 PVC 功能而不能实现 SVC 功能,严格意义上讲只能称为 ATM 交叉连接设备(Cross-Connect),而不能称为 ATM 交换机(Switch)。

　　通常所说的 ATM-SVC 只是就 VCC 而言,现在的 VPC 只能做到永久性的 VPC 或半永久性的 VPC,交换型 VPC 将来可能会随着信令的完善而实现。

　　虚连接是 ATM 中的一个重要概念。ATM 采用面向连接的交换方式,提高了交换速率。同时,ATM 连接是虚连接,在连接建立时,网络只对连接进行资源预分配,只有当该连接真正发送信元时才占用网络资源,使网络资源可由各连接统计复用,从而大大提高了资源利用率。

　　(3) ATM 交换的基本原理

　　① ATM 交换原理

　　ATM 交换的基本原理如图 3-20 所示。图中,入线 I_i 上的输入 ATM 信息被物理地交换到输出线 O_j。同时,将信头值由输入值 α 翻译成输出值 β。在每一条输入和输出链路上,信头的值是唯一的。但在不同的链路上可以出现相同的信头,如在输入链路上的 I_l 和 I_n 上的 x。

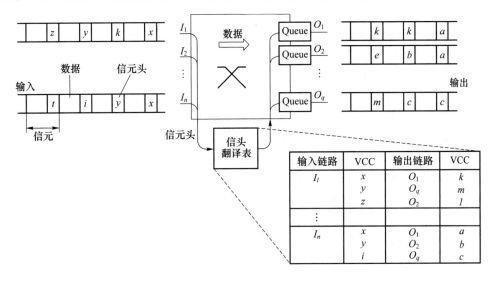

图 3-20　ATM 交换的基本原理

　　从图 3-20 中的信头翻译表中看到,在输入链路 I_l 上信头值为 x 的所有信元都被交换到输出线 O_1,并将其信头值翻译成为 k。所有在输入链路 I_n 上信头值为 x 的所有信元都被交换到输出线 O_1,并将其信头值翻译成为 a。

　　由此可见,ATM 交换机完成的两个基本功能是空分交换和时分交换;来自不同入线的两个信元可能会同时到达 ATM 交换机并竞争同一出线,但是它们又不能在同一时刻从出线上输出。因此,必须在交换机的某些位置设置缓冲器队列来存储未被服务的信元,使多个 ATM 信元在指定相同的出线时能被存储而不被丢弃。

　　② ATM 交换机的功能

　　ATM 交换机完成信头翻译、排队和路由选择(空分交换)3 个基本功能。

　　a. 信头翻译

　　一个 ATM 逻辑信道上的信元被交换到另一个 ATM 逻辑信道上时,其输入信头的值将会被翻译成一个与 ATM 输出逻辑信道相对应的输出信头的值。

b. 基本排队原理

ATM 基本交换模块是一个统计复用器,在基本交换模块内部会出现竞争,多个信元需要使用相同资源(如内部线路、出线等),出现竞争时,需要对冲突的信元进行缓冲(排队),为了解决对相同出线的竞争,必须在基本模块内提供排队功能。根据交换单元的结构和所需的信息速率,需要在交换单元的入线、出线或单元内部设计信元的缓冲队列。

若在每条入线分配一个专用的缓冲器来存储输入信元,直到仲裁逻辑对这些信元予以"放行",则为输入排队。若在通过交换单元后的每条出线上设置一队列来解决输出信元的输出竞争问题,则为输出排队。若在基本交换单元的中央设置一队列缓冲器,这个队列缓冲器被所有的入线和出线公用,所有入线上的全部输入信元都直接存入中央队列,每条出线按先进先出的原则读取这些信元,为中央排队模型。这 3 种排队方法均可解决交换模块内部出现的竞争问题,也各有优缺点,实际的 ATM 交换机可选用其中一种。

c. 路由选择

ATM 是面向连接的,在整个连接期间,信头值被分配到每段连接上,当信元从一段连接交换到另一段时,这些信头值被翻译。

将一些基本交换单元互连到一个网络中构成 ATM 交换机构。交换机构主要分为内部有阻塞的交换机构和内部无阻塞的交换机构。ATM 交换机构通常具有大量的入线和出线,为了能使任何入线上的信元正确地到达目的出线,要求交换网络具有自选路由的功能。

路由选择可以由中央计算机控制(集中式搜路),或根据基本交换单元的资源占用情况逐级分配(分布式搜路)。通路一旦确定,就将信元所走的路由用一串数字表示,作为路由标签,路由标签中含有出线地址。路由标签被"贴"到每个信元的前面,和信元一起传送,或者将通路存放在基本交换单元的路由表中。

在采用路由标签的情况下,路由标签中含有地址(路由信息),信元穿过交换网络时该地址被逐级解释、移位。在采用路由表的情况下,如果提供内部路由标签翻译功能,则路由表入口仅在每个基本交换单元内具有局部意义。这种路由标签翻译能保证在相邻的交换单元之间识别虚连接的标签具有唯一性。

3.2.4 IP 交换技术

IP 交换技术(IP Switching)最初是由 Ipsilon 公司提出的,也称为第三层交换技术、多层交换技术、高速路由技术等。其实,这是一种利用第三层协议中的信息来加强第二层交换功能的机制。因为 IP 不是唯一需要考虑的协议,因此称之为多层交换技术更贴切。

1. IP 交换技术的产生背景

IP 交换技术的产生背景是 IP 技术与 ATM 技术在宽带多媒体通信中的竞争和融合。

一方面,因特网是全球最大的 IP 网,随着因特网的迅猛发展,暴露出带宽、效率、开销、安全、管理等诸多矛盾。随着多媒体应用的日益广泛,支持多种业务、划分业务等级、提供相应的服务质量(QoS)保证,也就成为因特网发展中亟待解决的问题。

IP Over ATM(IPOA)技术就是试图来解决上述一系列问题的。ATM 技术应用于因特网,不仅解决了带宽问题,还为将来提供具有高 QoS 的 IP 业务奠定了基础,也是因特网多媒体会议电视等各种实时多媒体通信最有力的解决方案。

　　另一方面,电信网要采用 ATM 技术实现 B-ISDN,也存在许多困难,ATM 为了兼容语音等实时业务采用面向连接的方式,虽然能够保障较好的 QoS,但存在灵活性不足的缺点,无法为各种不同的业务都提供满意的服务特性,尤其是对于因特网上短而频繁的信息传输业务来说,无连接的 IP 技术比 ATM 技术更为适合。因此,B-ISDN 的发展也需要将 IP 技术与 ATM 技术相结合。

　　IP 技术和 ATM 技术相结合的难点在于,ATM 是面向连接的技术,而 IP 是无连接的技术。IP 协议有自己的寻址方式和相应的选路功能,而 ATM 技术也有其相应的信令、选路规程和地址结构。ATM 与 IP 结合的新方案、新设备层出不穷,ATM 论坛与因特网工程任务组(Internet Engineering Task Force,IETF)也在协同工作,以实现 IP 与 ATM 之间的互联。现在已有很多方法实现 ATM 与 IP 的结合。ITU-T SG13 认为,从 IP 协议与 ATM 协议的关系划分,IP 与 ATM 相结合的技术存在重叠和集成两种模型。

　　(1) 重叠模型

　　重叠模型是将 IP 网络层协议重叠在 ATM 之上,即 ATM 网与现有的 IP 网重叠。换言之,IP 协议在 ATM 网络上运行,ATM 网络仅仅作为 IP 层的低层传输链路,IP 和 ATM 各自定义自己的地址和路由协议。采用这种方案,ATM 端系统需要使用 ATM 地址和 IP 地址两者来标识,网络中设置服务器完成 ATM 地址和 IP 地址的地址映射功能(通过地址解析协议(ARP)实现),在发送端用户得到接收端用户的 ATM 地址后,建立 ATM SVC 连接。这种方法的优点是,可以采用标准信令,与标准的 ATM 网络及业务兼容;缺点是传送 IP 数据报的效率较低,计费较难。重叠模型所包含的技术主要有 IETF 在 RFC 1577 建议中定义的 ATM 上的传统式 IP 规范(Classical IP Over ATM,CIPOA)、ATM 论坛的局域网仿真规范(LAN Emulation,LANE)和 ATM 论坛定义的 ATM 上的多协议规范(Multi-Protocol Over ATM,MPOA)等。

　　(2) 集成模型

　　集成模型是将 IP 路由器的智能和管理性能集成到 ATM 交换中形成的一体化平台。在集成模型的实现中,ATM 层被看成是 IP 层的对等层,ATM 端点只需使用 IP 地址来标识,在建立连接时使用非标准的 ATM 信令协议。采用集成技术时,不需要地址解析协议,但增加了 ATM 交换机的复杂性,使 ATM 交换机看起来更像一个多协议的路由器。这种方法的优点是传送 IP 数据报的效率比较高,不需要地址解析协议;缺点是与标准的 ATM 技术融合较为困难。比较有代表性的集成技术主要有 Ipsilon 公司的 IP 交换技术、Cisco 公司的标记交换技术以及 IETF 制定的多协议标签交换(Multi-Protocol Label Switching,MPLS)技术等。

　　目前 MPLS 技术应用得最好,下面我们主要介绍 MPLS 技术。

2. MPLS 概述

　　(1) MPLS 的概念

　　MPLS 技术是一种在开放的通信网上利用标签引导数据高速、高效传输的新技术。它的价值在于能够在一个无连接的网络中引入连接模式的特性。

　　采用 MPLS 技术减少了网络的复杂性,兼容现有各种主流网络技术,能降低网络成本,在提供 IP 业务时能确保 QoS 和安全性,具有流量工程能力。此外,MPLS 能解决虚拟专用网(VPN)扩展问题和维护成本问题。

（2）MPLS 的特点

MPLS 具有以下主要特点。

① MPLS 在网络中的分组转发是基于定长标签,由此简化了转发机制,使得转发路由器容量很容易扩展到太比特级。

② 充分采用原有的 IP 路由,在此基础上加以改进,保证了 MPLS 网络路由具有灵活性的特点。

③ 采用 ATM 的高效传输交换方式,抛弃了复杂的 ATM 信令,无缝地将 IP 技术的优点融合到 ATM 的高效硬件转发中。

④ MPLS 网络的数据传输和路由计算分开,是一种面向连接的传输技术,能够提供有效的 QoS 保证。

⑤ MPLS 不但支持多种网络层技术,而且是一种与链路层无关的技术,它同时支持X.25、帧中继、ATM、点对点协议（PPP）、SDH、密集型光波复用（DWDM）……,保证了多种网络的互连互通,使得各种不同的技术统一在同一个 MPLS 平台上。

⑥ MPLS 支持大规模层次化的网络,具有良好的网络扩展性。

⑦ MPLS 的标签合并机制支持不同数据流的合并传输。

⑧ MPLS 支持流量工程、服务等级（CoS）、QoS 等。

⑨ MPLS 的标准化十分迅速,这是它能迅速普及成功的关键。

3. MPLS 的网络结构

MPLS 技术是宽带骨干网中的一个根本性的技术。MPLS 的网络结构如图 3-21 所示。

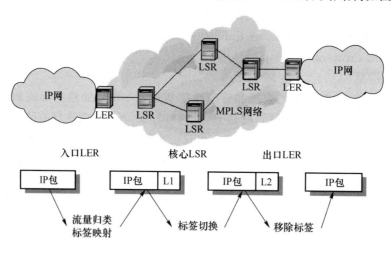

图 3-21　MPLS 网络结构

MPLS 网络的基本构成单元是标签交换路由器（Label Switching Router,LSR）,主要运行 MPLS 控制协议和三层路由协议,并负责与其他 LSR 交换路由信息来建立路由表,实现转发等价类（Forwarding Equivalence Class,FEC）和 IP 分组头的映射,建立 FEC 和标签之间的绑定,分发标签绑定信息,建立和维护标签转发表等工作。

由 LSR 构成的网络称为 MPLS 域,位于区域边缘的 LSR 称为标签边缘路由器（Label Edge Router,LER）,主要完成连接 MPLS 域和非 MPLS 域以及不同 MPLS 域的功能,并实现对业务的分类、分发标签（作为入口 LER）、剥去标签（作为出口 LER）等。其中入口 LER

称为 Ingress,出口 LER 称为 Egress。

位于区域内部的 LSR 则称为核心(Core)LSR,它提供标签交换、标签分发等功能。带标签的分组沿着由一系列 LSR 构成的标签交换路径(Label Switched Path,LSP)传送。

下面结合图 3-21,简要介绍 MPLS 的基本工作过程。

(1) 首先,LDP 和传统路由协议(如 OSPF、ISIS 等)一起,在各个 LSR 中为有业务需求的 FEC 建立路由表和标签映射表。

(2) 入口 LER 接收分组,完成第三层功能,判定分组所属的 FEC,并给分组加上标签,形成 MPLS 标签分组。

(3) 接下来,在 LSR 构成的网络中,LSR 根据分组上的标签以及标签转发表进行转发,不对标签分组进行任何第三层处理。

(4) 最后,在 MPLS 出口 LER 去掉分组中的标签,继续进行后面的转发。

由此可以看出,MPLS 并不是一种业务或者应用,它实际上是一种隧道技术,也是一种将标签交换转发和网络层路由技术集于一身的路由与交换技术平台。这个平台不仅支持多种高层协议与业务,而且,在一定程度上可以保证信息传输的安全性。

4. MPLS 的工作原理

MPLS 是基于标签的 IP 路由选择方法,称为多协议标签交换。这些标签可以被用来代表逐跳式或者显式路由,并指明 QoS、VPN 以及影响一种特定类型的流量(或一个特殊用户的流量)在网络上的传输方式的其他各类信息。

路由协议在一个指定源和目的地之间选择最短路径,不论该路径是否超载。利用显式路由选择,服务提供商可以选择特殊流量所经过的路径,使流量能够选择一条低延迟的路径。

MPLS 协议实现将第三级的包交换转换成第二级的交换。MPLS 可以使用各种第二层的协议,MPLS 工作组已经把在帧中继、ATM 和 PPP 链路以及 IEEE 802.3 局域网上使用的标签实现了标准化。MPLS 在帧中继和 ATM 上运行的一个好处是它为这些面向连接的技术带来了 IP 的任意连通性。MPLS 的主要发展方向是在 ATM 方面。这主要是因为 ATM 具有很强的流量管理功能,能提供 QoS 方面的服务,ATM 和 MPLS 技术的结合能充分发挥在流量管理和 QoS 方面的作用。

标签是用于转发数据包的报头。报头的格式取决于网络特性。在路由器网络中,标签是单独的 32 位报头。在 ATM 中,标签置于 VCI/VPI 信元报头。在核心 LSR,只解读标签,而不读数据包报头。对于 MPLS 可扩展性非常关键的一点是标签只在通信的两个设备之间有意义。

(1) MPLS 的包头结构

通常,MPLS 的包头结构如图 3-22 所示。其包含 20 bit 的标签;3 bit 的 EXP,现在通常用作 CoS;1 bit 的 S,用于标识这个 MPLS 标签是否是最低层的标签;8 bit 的 TTL(Time To Live)。

标签与 ATM 的 VPI/VCI 以及 Frame Relay 的 DLCI 类似,是一种连接标识符。如果链路层协议具有标签域,如 ATM 的 VPI/VCI 或 Frame Relay 的 DLCI,则标签封装在这些域中;如果不支持,则标签封装在链路层和 IP 层之间的一个垫层中。这样,标签能够被任意的链路层所支持。

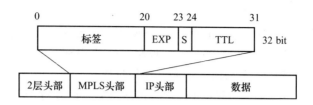

图 3-22 MPLS 包头结构

MPLS 包头的位置界于二层和三层之间,俗称 2.5 层。MPLS 可以承载的报文通常是 IP 包(当然也可以改进直接承载以太包、ATM 的 AAL5 包、甚至 ATM 信元等)。可以承载 MPLS 的二层协议可以是 PPP、以太网、ATM 和帧中继等。对于 PPP 或以太网二层封装, MPLS 包头结构如图 3-22 所示。但是对于 ATM 或帧中继,MPLS 则分别采用 VPI/VCI 或 DLCI 作为转发的标签,具体结构如图 3-23 所示。

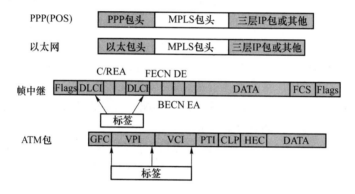

图 3-23 MPLS 在 PPP、以太网、帧中继和 ATM 中的标签

MPLS 可以看成是一种面向连接的技术。通过 MPLS 信令或手工配置的方法建立好 MPLS 标签交换连接路径(Label Switched Path,LSP)后,在标签交换路径的入口把需要通过这个标签交换路径的报文打上 MPLS 标签,中间路由器在收到 MPLS 报文以后直接根据 MPLS 报头的标签进行转发,而不用再通过 IP 报文头的 IP 地址查找。在 MPLS 标签交换路径的出口(或倒数第二跳),弹出 MPLS 包头,还回原来的 IP 包(在 VPN 的时候可能是以太网报文或 ATM 报文等)。

(2) MPLS 的标签交换原理

IP 包进入网络核心时,边缘路由器给它分配一个标签。自此,MPLS 设备就会自始至终查看这些标签信息,将这些有标签的包交换至其目的地。由于路由处理减少,网络的等待时间也就随之减少,而可伸缩性却有所增加。

MPLS 数据包的服务质量类型可由 MPLS 边缘路由器根据 IP 包的各种参数来决定, 如 IP 的源地址、目的地址、端口号、TOS 值等参数。如对于到达同一目的地的 IP 包,可根据其 TOS 值的要求来建立不同的转发路径,以达到其对传输质量的要求。同时,通过对特殊路由的管理,还能有效地解决网络中的负载均衡和拥塞问题。例如,当网络中出现拥塞时,MPLS 可实时地建立新的转发路由来分担其流量,以缓解网络拥塞。

MPLS 采用的协议有两种,一种是基于限制的路由标签分配协议(Constraint-based Routing Label Distribution Protocol,CRLDP),另一种是资源保留协议(Resource Reservation Protocol,RSVP)。标签分配协议(LDP)在边缘和核心设备之间提供通信,与路由选择协议,如 OSPF、IS-IS、EIGRP(增强的内部网关路由选择协议)或 BGP(边界网关协议)等相结合在边缘和核心设备之间分配标签,建立标签交换路径。目前,MPLS 工作组对这两种方法都使用。但是这样会带来严重的互操作性问题。

MPLS 标签交换的原理如下。

① 在 LDP 协议控制下,LSR 根据 IP 路由技术产生具有一定语义的代表数据传输路径及属性的标签。

② 应用本地标签与媒介(ATM、FR、PPP…)。

③ 多层的标签置换传输(标签堆栈)。

④ 转发标签,入口压入标签,出口剥去标签,分组 QoS、CoS 等分析只在入口做一次,中间节点只分析标签的含义。

5. MPLS 的应用

MPLS 因其具有面向连接和开放结构而得到广泛应用。现在,在大型 ISP 网络中,MPLS 主要有流量工程、CoS 和 VPN 3 种应用。

(1) 流量工程

流量工程是一套工具和方法,无论网络设备和传输线路正常还是失效,它都能从给定的基础设施中提取最佳的服务。也就是说,它要对已有的资源进行优化。它是对网络工程或网络规划的一种补充和完善措施。流量工程试图让实际网络业务量以一种最优的方式存在于物理网络之中。

随着网络资源需求的快速增长、IP 应用需求的扩大以及市场竞争日趋激烈等,流量工程成为 MPLS 的一个主要应用。因为 IP 选路时遵循最短路径原则,所以在传统的 IP 网上实现流量工程十分困难。传统 IP 网络一旦为一个 IP 包选择了一条路径,则不管这条链路是否拥塞,IP 包都会沿着这条路径传送,这样就会造成整个网络在某处资源过度利用,而另外一些地方网络资源闲置不用。

在 MPLS 中,流量工程能够将业务流从 IGP 计算得到的最短路径转移到网络中可能的、无阻塞的物理路径上去,通过控制 IP 包在网络中所走过的路径,避免业务流向已经拥塞的节点,实现网络资源的合理利用。

MPLS 的流量管理机制主要包括路径选择、负载均衡、路径备份、故障恢复、路径优先级及碰撞等。

MPLS 非常适合于为大型 ISP 网络中的流量工程提供基础,有以下原因。

① 支持确定路径,可为每条 LSP 定义一条确定的物理路径。

② LSP 统计参数可用于网络规划和分析,以确定瓶颈,掌握中继线的使用情况。

③ 基于约束的路由使 LSP 能满足特定的需求。

④ 不依赖于特定的数据链路层协议,可支持多种的物理和链路层技术(IP/ATM、以太网、PPP、帧中继、光传输等),能够运行在基于分组的网络之上。

(2) CoS

MPLS 最重要的优势在于它能提供传统 IP 路由技术所不能支持的新业务,提供更高等级的基础服务和新的增值服务。因特网上传输的业务流包括传统的文件传输、对延迟敏感的话音及视频业务等不同应用。为满足客户需求,ISP 不仅需要流量工程技术,也需要业务分级技术。MPLS 为处理不同类型业务提供了极大的灵活性,可为不同的客户提供不同业务。

MPLS 的 CoS 是由 LER 和 LSR 共同实现的:在 LER 上对 IP 包进行分类,将 IP 包的业务类型映射到 LSP 的服务等级上;在 LER 和 LSR 上同时进行带宽管理和业务量控制,从而保证每种业务的服务质量得到满足,改变了传统 IP 网"尽力而为"的状况。一般采用两种方法实现基于 MPLS 的服务等级转发。

① 业务在流经特定的 LSP 时,根据 MPLS 报头中承载的优先级位在每个 LSR 的输出接口处排队。

② 在一对边缘 LSR 间提供多条 LSP,每条 LSP 可通过流量工程提供不同的性能和带宽保证,如入口 LSR 可将一条 LSP 设置为高优先权,将另一条 LSP 设置为中等优先权。

（3）VPN

传统的 VPN 一般是通过 GRE(Generic Routing Encapsulation)、L2TP(Layer 2 Tunneling Protocol)、PPTP(Point to Point Tunneling Protocol)等隧道协议来实现私有网络间数据流在公网上的传送。而 LSP 本身就是公网上的隧道,所以用 MPLS 来实现 VPN 有天然的优势。

为给客户提供一个可行的 VPN 服务,ISP 要解决数据保密及 VPN 内专用 IP 地址重复使用问题。由于 MPLS 的转发是基于标签的值,并不依赖于分组报头内所包含的目的地址,因此有效地解决了这两个问题。

MPLS VPN 的实现包括以下几点。

① MPLS 的标签堆栈机制使其具有灵活的隧道功能用于构建 VPN,通常采用两级标签结构,高一级标签用于指明数据流的路径,低一级的标签用于作为 VPN 的专网标识,指明数据流所属的 VPN。

② 通过一组 LSP 为 VPN 内不同站点之间提供链接,通过带有标签的路由协议更新路由信息或通过标签分配协议分发路由信息。

③ MPLS 的 VPN 识别器机制支持具有重选专用地址空间的多个 VPN。

④ 每个入口 LSR 根据包的目的地址和 VPN 关系信息将业务分配到相应的 LSP 中。

3.3　IP 网交换设备

分组交换设备从最初的 X.25 分组交换机发展到帧中继交换机、ATM 交换机,这些分组交换设备随着网络 IP 化已逐步淘汰,下面介绍 IP 网中常用的交换设备。

1. IP 网交换设备

常用的 IP 网交换设备有网桥、二层交换机、路由器、三层交换机和四层交换机等。按照 OSI 模型对常用的 IP 网交换设备进行分类,网桥和二层交换机属于数据链路层设备;路由器和三层交换机属于网络层设备;四层交换机属于传输层设备。

2. IP 网交换设备的工作原理

（1）二层交换机工作原理

二层交换机可看成是多端口的网桥,二层交换机工作在 OSI 模型的数据链路层,可以识别数据包中的 MAC 地址信息,根据 MAC 地址进行转发,并将这些 MAC 地址与对应的端口记录在自己内部的一个地址表中。

二层交换机的具体工作流程如下。

① 当交换机从某个端口收到一个数据包,先读取包头中的源 MAC 地址,这样就知道源 MAC 地址的机器是连在哪个端口上的。

② 再去读取包头中的目的 MAC 地址,并在地址表中查找相应的端口。

③ 若表中有与目的 MAC 地址对应的端口,把数据包直接复制到这端口上。

④ 若表中找不到相应的端口则把数据包广播到所有端口上,当目的机器对源机器回应时,交换机又可以学习这一目的 MAC 地址与哪个端口对应,在下次传送数据时就不再需要对所有端口进行广播了。

不断地循环这个过程,对于全网的 MAC 地址信息都可以学习到,二层交换机就是这样建立和维护它自己的地址表。

从二层交换机的工作原理可以推知以下 3 点。

① 由于交换机对多数端口的数据进行同时交换,这就要求具有很宽的交换总线带宽,如果二层交换机有 N 个端口,每个端口的带宽是 M,交换机总线带宽超过 $N \times M$,那么该交换机就可以实现线速交换。

② 学习端口连接的机器的 MAC 地址,写入地址表,地址表大小影响交换机的接入容量(地址表的大小一般两种表示方式:一种是 BUFFER RAM;另一种是 MAC 表项数值)。

③ 二层交换机一般都含有专门用于处理数据包转发的 ASIC(Application Specific Integrated Circuit)芯片,因此转发速度可以做到非常快。由于各个厂家采用的 ASIC 不同,直接影响产品性能。

以上 3 点也是评判二、三层交换机性能优劣的主要技术参数,在设备选型时经常用到。

(2) 路由器的工作原理

路由器的工作模式与二层交换机相似,但路由器工作在 OSI 模型的第三层,这个区别决定了路由和交换在传递包时使用不同的控制信息,实现功能的方式就不同。工作原理是在路由器的内部也有一个表,这个表所表示的是如果要去某一个地方,下一步应该向哪里走,如果能从路由表中找到数据包下一步往哪里走,就把链路层信息加上,然后转发出去;如果不能知道下一步走向哪里,则将此包丢弃,然后返回一个信息交给源地址。

路由器其实只有两种主要功能:决定最优路由和转发数据包。路由表中写入各种路由信息,由路由算法计算出到达目的地址的最佳路径,然后由相对简单直接的转发机制发送数据包。接收数据包的下一台路由器依照相同的工作方式继续转发,依此类推,直到数据包到达目的路由器。

而路由表的维护,也有两种不同的方式:一种是路由信息的更新,将部分或者全部的路由信息公布出去,路由器通过互相学习路由信息,就掌握了全网的拓扑结构,这一类的路由协议称为距离矢量路由协议;另一种是路由器将自己的链路状态信息进行广播,通过互相学习掌握全网的路由信息,进而计算出最佳的转发路径,这类路由协议称为链路状态路由协议。

由于路由器需要做大量的路径计算工作,一般处理器的工作能力直接决定其性能的优劣。当然这一判断还是对中低端路由器而言,因为高端路由器往往采用分布式处理系统体系设计。

目前,路由器主要有 3 种发展趋势:一是越来越多的功能以硬件方式来实现,具体表现为 ASIC 芯片使用得越来越广泛;二是放弃使用共享总线,而使用交换背板,即开始普遍采用交换式路由技术;三是并行处理技术在路由器中运行,极大地提高了路由器的路由处理能力和速度。目前已出现了千兆位交换路由器(GSR)和太位交换路由器(TSR),这些路由器的光接口速度已达到 10 Gbit/s。

(3) 三层交换机的工作原理

三层交换机是在二层交换机的基础上增加三层路由功能,但它不是简单的二层交换机加路由器,而是采用了不同的转发机制。路由器的转发采用最长匹配的方式,实现较复杂,通常用软件来实现,而三层交换机的路由查找是针对流的,它利用高速缓冲存储器(CACHE)技术,很容易采用 ASIC 实现,因此,可以大大节约成本,并实现快速转发。

下面通过一个简单的网络来看看三层交换机的工作过程。

组网比较简单,如图 3-24 所示。

图 3-24　含三层交换机的简单网络

假如 PC$_1$ 要给 PC$_2$ 发送数据,已知目的 IP,那么 PC$_1$ 就用子网掩码取得网络地址,判断目的 IP 是否与自己在同一网段。

如果在同一网段,但不知道转发数据所需的 MAC 地址,PC$_1$ 就发送一个 ARP 请求,PC$_2$ 返回其 MAC 地址,PC$_1$ 用此 MAC 封装数据包并发送给交换机,交换机启用二层交换模块,查找 MAC 地址表,将数据包转发到相应的端口。

如果目的 IP 地址显示不是同一网段,那么 PC$_1$ 要实现和 PC$_2$ 的通信,在流缓存条目中没有对应 MAC 地址条目,就将第一个正常数据包发送向一个默认网关,这个默认网关一般在操作系统中已经设好,对应第三层路由模块,由此可见,对于不是同一子网的数据,最先在 MAC 表中放的是默认网关的 MAC 地址;然后就由三层模块接收到此数据包,查询路由表以确定到达 PC$_2$ 的路由,将构造一个新的帧头,其中以默认网关的 MAC 地址为源 MAC 地址,以 PC$_2$ 的 MAC 地址为目的 MAC 地址。通过一定的识别触发机制,确立 PC$_1$ 与 PC$_2$ 的 MAC 地址及转发端口的对应关系,并记录进流缓存条目表,以后的 PC$_1$ 到 PC$_2$ 的数据,就直接交由二层交换模块完成。这就是通常所说的"一次路由多次转发"。

从以上三层交换机工作过程,可以看出三层交换的特点如下。

① 由硬件结合实现数据的高速转发

这不是简单的二层交换机和路由器的叠加,三层路由模块直接叠加在二层交换的高速背板总线上,突破了传统路由器的接口速率限制,速率可达几十 Gbit/s。接口速率和背板带宽是三层交换机性能的两个重要参数。

② 简洁的路由软件使路由过程简化

大部分的数据转发,除了必要的路由选择交由路由软件处理,都是由二层模块高速转发,路由软件大多都是经过处理的高效优化软件,并不是简单照搬路由器中的软件。

(4) 四层交换机的工作原理

OSI 模型的第四层是传输层。传输层负责端对端通信,即在网络源和目标系统之间协调通信。在 IP 协议栈中这是传输控制协议(TCP)和用户数据包协议(UDP)所在的协议层。

在第四层中,TCP 和 UDP 数据包的包头中包含端口号(Port Number),可以唯一区分每个数据包包含哪些应用协议(如超文本传送协议(HTTP)、文本传输协议(FTP)等)。终端系统利用这种信息来区分包中的数据,尤其是端口号使一个接收端计算机系统能够确定它所收到的 IP 包类型,并据此把 IP 包交给合适的高层软件。端口号和设备 IP 地址的组合通常称为插口(Socket)。1～255 之间的端口号被保留,称为"熟知"端口,也就是说,在所有主机 TCP/IP 协议栈实现中,这些端口号是相同的。除了"熟知"端口外,标准 UNIX 服务分配在 256～1 024 端口范围,定制的应用一般在 1 024 以上分配端口号。TCP/UDP 端口号提供的附加信息可以为网络交换机所利用,这是第四层交换的基础。

第四层交换中,决定传输时不仅仅依据 MAC 地址或源/目标 IP 地址,而且依据 TCP/UDP 的应用端口号。第四层交换功能就像是虚 IP,指向物理服务器。它传输的业务服从的协议多种多样,有 HTTP、FTP、NFS、Telnet 或其他协议。这些业务在物理服务器基础上,需要复杂的载量平衡算法。在 IP 网络中,业务类型由终端 TCP 或 UDP 端口地址来决定,在第四层交换中的应用区间则由源端和终端 IP 地址、TCP 和 UDP 端口共同决定。每台第四层交换机都保存一个与被选择的服务器相配的源 IP 地址以及源 TCP 端口相关联的连接表。在使用第四层交换的情况下,接入可以与真正的服务器连接在一起来满足用户制定的规则,如使每台服务器上有相等数量的接入或根据不同服务器的容量来分配传输流。

3. IP 网交换设备的应用

二层交换机用于小型的局域网络。在小型局域网中,广播包影响不大,二层交换机的快速交换功能、多个接入端口和低廉价格为小型网络用户提供了很完善的解决方案。

路由器的优点在于接口类型丰富,支持的三层功能强大,路由能力强大,适合用于大型的网络间的路由,它的优势在于选择最佳路由、负荷分担、链路备份及和其他网络进行路由信息的交换等路由器所具有的功能。

三层交换机的最重要功能是加快大型局域网络内部的数据的快速转发,加入路由功能也是为这个目的服务的。如果把大型网络按照部门、地域等因素划分成一个个小局域网,将导致大量的网际互访,单纯使用二层交换机不能实现网际互访;如单纯使用路由器,由于接口数量有限和路由转发速度慢,将限制网络的速度和网络规模,采用具有路由功能的快速转发的三层交换机就成为首选。

对于三层交换机,与二层交换机和路由器相比,虽然它能兼具后两者的功能,但是如果预算许可,还是应该根据需求选择合适功能的设备,以发挥其长处。例如,在汇聚层,面向三层交换机直接下挂的主机,因为能够获得其主机路由,所以三层交换机能够实现快速查找;而对于通过其他路由器连接多个子网后到达的主机,三层交换机和路由器的处理是一样的,同样采用最长匹配的方法查找到下一跳,由下一跳路由器进行转发。因此,通常的组网方式是在骨干层使用千兆位交换路由器(GSR),汇聚层使用三层交换机。

四层交换机具有包过滤/安全控制、服务质量、服务器负载均衡、主机备用连接和统计等功能。这些功能往往是二、三层交换设备无法完成的。

3.4 IP 网组网实验

为熟悉 IP 网的交换设备,以三层交换机配置为主要内容,设计以下实训任务。

实训项目:三层交换机配置

一、实验目的

1. 理解三层交换产品的组网方式和方法;
2. 掌握利用三层交换机来实现三层以太网组网的动手能力。

二、实验内容

1. 利用三层交换机来实现三层结构以太网组网的配置和操作;
2. 配置跨交换机的 VLAN Trunk;
3. 配置二层交换机的 VLAN 划分;
4. 配置三层交换机;
5. 查看及了解配置项目的有关信息。

三、实验环境的搭建

实验组网图如图 3-25 所示。

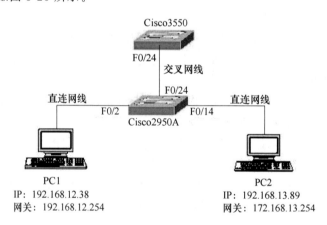

图 3-25 三层交换机组网图

1. 准备 Cisco Catalyst 3550-24 交换机 1 台;
2. 准备 Cisco Catalyst 2950-24 交换机 1 台;
3. 准备 PC 2 台;
4. Console 电缆 1 条、直连网线 2 条、交叉网线 1 条。

四、实验步骤

1. 二层交换机的端口划分 VLAN

无划分的物理端口默认为 vlan 1,2950A 交换机的端口划分 VLAN 如下:

```
hostname S2950A                    // 与 PC1 相连的交换机命名为 S2950A //
interface f0/14                    // 进入 f0/14 端口 //
```

switchport access vlan 2	// 将该端口加入 vlan 2//
switchport mode access	// 将该端口模式设为 access //
interface f0/24	// 进入 f0/24 端口 //
switchport trunk allowed vlan 1,2	// 将该端口加入 vlan 1,vlan 2//
switchport mode trunk	// 将该端口模式设为 trunk //
~Z	// 退出到用户模式 //
show vlan	// 查看当前 VLAN 状态 //
show running-config	// 查看运行配置 //
wr	// 保存配置 //

2. 三层交换机的配置

Cisco Catalys 3550-24 交换机的三层配置如下：

hostname S3550	// 将交换机命名为 S3550 //
interface f0/14	
switchport access vlan 2	
interface f0/24	// 进入 f0/24 端口 //
switchport trunk encapsulation dot1q	//设置 trunk 协议封装为 dot1q //
switchport mode trunk	
int vlan1	// 进入 vlan 1 配置模式 //
ip address 192.168.12.254 255.255.255.0	// 配置 vlan 1 的 IP 网络地址和子网掩码 //
no shutdown	//激活配置 //
int vlan2	
ip address 192.168.13.254 255.255.255.0	
no shutdown	
exit	// 退出 vlan 2 配置模式 //
router rip	// 进入 rip 路由协议配置模式 //
network 192.168.12.0	// 声明邻接网段 //
network 192.168.13.0	
exit	// 退出进入 rip 路由协议配置模式 //
ip route0.0.0.0 0.0.0.0 192.168.12.249	// 指定默认路由 //
end	// 退出到用户模式 //
show vlan	// 查看 VLAN //
show running-config	// 查看 running-config //
wr	

3. 测试不同 VLAN 的 PC1 和 PC2 的连通性

PC1 连接到 S2950A 交换机的 f0/2 端口(vlan 1),PC2 连接到 S2950A 交换机的 f0/14 端口(vlan 2)。

C:\>ping 192.168.13.89

Pinging 192.168.13.89 with 32 bytes of data：

Reply from 192.168.13.89：bytes = 32 time<10ms TTL = 127

Reply from 192.168.13.89：bytes = 32 time<10ms TTL = 127

Reply from 192.168.13.89：bytes = 32 time<10ms TTL = 127

Reply from 192.168.13.89：bytes = 32 time<10ms TTL = 127

Ping statistics for 192.168.13.89：

    Packets：Sent = 4，Received = 4，Lost = 0（0% loss），

Approximate round trip times in milli-seconds：

    Minimum = 0ms，Maximum = 0ms，Average = 0ms

C:\>

上述实验结果表明：利用三层交换机可以实现转发不同的 VLAN，不同的 VLAN 是可以 ping 通的。即利用三层交换机可以实现三层结构以太网的组网。

五、思考题

1. 如果只使用 Cisco Catalyst 2950-24 交换机，能否实现两个 VLAN 的互通？

2. 如果只使用 Cisco Catalyst 3550-24 交换机，能否实现两个 VLAN 的互通？

3. 如果用路由器替换 Cisco Catalyst 3550-24 交换机，试完成其组网配置。

本 章 小 结

1. ARPANET 为分组交换网之父，分组交换网的出现作为现代电信时代的开始。

2. 分组交换机的工作原理是：首先将待发的数据报文划分成若干个大小有限的短数据块，在每个数据块前面加上一些控制信息（即首部），包括数据收发的目的地址、源地址，数据块的序号等，形成一个个分组，然后各分组在交换网内采用"存储-转发"机制将数据从源端发送到目的端。

3. 根据分组是否独立寻径，分组的传输方式又分为数据报方式和虚电路方式。数据报方式为每个分组独立寻径，属于同一个终端的某应用进程的各个分组可以在网内沿不同的路径传输，需要给每个分组标出序号，以便在接收终端能进行排序、重组。虚电路方式在通信前需要为属于同一个终端的某应用进程的各个分组事先选定一条相同的路径，各分组依次在该路径上传输，可以将序号省去。虚电路方式虽然是面向连接的，但只是建立一条逻辑上的连接，并不像电路交换方式那样独占连接电路，为区别于电路交换方式，故称为虚电路方式。

4. X.25 建议规定了 DTE 和 DCE 之间相应级交换信息的规程，X.25 由三层组成，包括物理层、数据链路层以及网络层协议，对应于 ISO 的互连参考模型（OSI-RM）中的低三层协议。从第 1 层到第 3 层数据传输单位分别是比特、帧和分组。

5. 逻辑信道群号和逻辑信道号（LCGN+LCN）信息用于区分 DTE-DCE 接口中许多不同的逻辑子信道。

6. 帧中继（Frame Relay,FR）技术是在 OSI-RM 第二层上用简化的方法传送和交换数据单元的一种技术，以帧为单位进行存储转发。帧中继交换机仅完成 OSI-RM 中物理层和链路层的核心子层的功能，而将流量控制、纠错控制等留给用户终端去完成，大大简化了节

点机之间的协议,缩短了传输时延,提高了传输效率。

7. ATM(Asynchronous Transfer Mode)译为异步转移模式(或异步传输模式、异步传送模式)。ATM 是一种采用名叫信元(cell)的固定长度分组为信息传输和交换基本单元、异步时分复用传送任意速率的宽带信号和数字等级系列信息的快速分组交换技术。

8. 一个 ATM 信元由 53 个字节构成,其中前 5 个字节称为信头(header),后面 48 个字节称为信息字段(information field)(或称净负荷、净荷)。

9. ATM 网络通过 AAL 层向用户提供了 4 种类别当然服务,即 A、B、C、D 服务,由 4 种类型的 AAL,即 AAL1、AAL2、AAL3/4、AAL5,支持这些服务。

10. IP 交换技术是一种利用第三层协议中的信息来加强第二层交换功能的机制。

11. IP 与 ATM 相结合的技术存在重叠和集成两种模型。

12. 多协议标签交换(Multi-Protocol Label Switching,MPLS)技术是一种在开放的通信网上利用标签引导数据高速、高效传输的新技术。MPLS 主要有流量工程、服务等级(CoS)和虚拟专网(VPN)3 种应用。

13. 常用的 IP 网交换设备有网桥、二层交换机、路由器、三层交换机和四层交换机等。按照 OSI 模型对常用的 IP 网交换设备进行分类,网桥和二层交换机属于数据链路层设备;路由器和三层交换机属于网络层设备;四层交换机属于传输层设备。

14. 二层交换机工作在 OSI 模型的数据链路层,可以识别数据包中的 MAC 地址信息,根据 MAC 地址进行转发,并将这些 MAC 地址与对应的端口记录在自己内部的一个地址表中。

15. 路由器其实只有两种主要功能:决定最优路由和转发数据包。

16. 三层交换机是在二层交换机的基础上增加三层路由功能,但它不是简单的二层交换机加路由器,而是采用了不同的转发机制。三层交换机的路由查找是针对流的,它利用高速缓冲存储器(CACHE)技术,很容易采用专用集成电路(ASIC)实现,因此,可以大大节约成本,并实现快速转发。

17. 第四层交换中,决定传输时不仅仅依据 MAC 地址或源/目标 IP 地址,而且依据 TCP/UDP 的应用端口号。

习　　题

一、填空题

1. 虚电路包括交换虚电路和_____两种方式。

2. X.25 分组头长度为_____个字节。

3. 帧中继的最大帧长至少为_____个字节/帧。

4. X.25 分组头由通用格式识别符、_____和分组类型识别符 3 部分组成。

5. 帧中继技术发展的两个必要条件是:_____和_____。

6. X.25 分层结构包括物理层、_____和_____3 层。

7. AAL 的中文含义是指_____。

8. ATM 协议参考模型分为物理层、_____层和_____层。

9. ATM 信元中包含_____个字节的用户数据信息。ATM 信元中包含_____个字节的信元头。

10. ATM 协议模型包括_____、_____和_____3 个平面。

11. IP 交换的基本思想可理解为_____一次，_____多次。

12. ATM 和 IP 相融合的技术存在两种模型，即_____模型和_____模型，MPLS 属于_____模型。

13. IETF 定义的 MPLS 译为_____。

14. MPLS 网络由_____和_____组成，负责为网络流添加/删除标记的是_____。

15. MPLS 的标记共_____bit，包含_____bit 的标签。

16. VPN 中文名称是_____。

17. 分组交换起源于_____。

18. 分组交换的主要优点是_____、_____、_____和_____。

19. X.25 建议是_____和_____之间的接口规程。

20. 交换技术的发展方向是_____、_____和_____。

21. 帧中继交换机仅完成 OSI-RM 中_____和_____的核心子层的功能，而将_____、_____等留给用户终端去完成等。

22. ATM 中的"异步"是指在传输和接续中的_____方式。"转移模式"是指信息在网络中_____和_____的方式。

23. MPLS 主要有_____、_____和_____3 种应用。

24. 三层交换机的路由查找是针对_____的，它利用_____技术，很容易采用_____实现。

二、选择题

1. 分组交换网的复用方式是(　　)。

A. FDM　　　　　　B. TDM　　　　　　C. STDM　　　　　　D. WDM

2. 分组交换的特点不包括(　　)。

A. 在分组传输的过程中动态分配传输带宽

B. 采用无连接方式，可根据情况决定路由

C. 以分组作为传送单位

D. 交换机完成的许多信息处理功能，对用户是透明的

3. X.25 分组交换网络的协议不包括(　　)。

A. X.28　　　　　　B. X.29　　　　　　C. X.21　　　　　　D. X.3

4. 帧中继预约的最大帧长度至少要达到(　　)。

A. 1 600 字节/帧　　　　　　　　　　B. 1 500 字节/帧

C. 1 480 字节/帧　　　　　　　　　　D. 576 字节/帧

5. ATM 信元头的长度为(　　)。

A. 5 字节　　　　　　B. 20 字节　　　　　　C. 48 字节　　　　　　D. 53 字节

6. ATM 的 4 种服务类别对应恒定比特率的是(　　)。

A. D 类　　　　　　B. C 类　　　　　　C. B 类　　　　　　D. A 类

7. MPLS 主要应用不包括( )。

A. 流量工程　　　　　　　　　　　　B. 服务等级(CoS)

C. 虚拟专网(VPN)　　　　　　　　　D. 服务器负载均衡

8. 帧中继的帧结构中,用于标识逻辑信道号的是( )。

A. LCGN　　　　　B. DLCI　　　　　C. VPI　　　　　D. VCI

9. ATM 网中 VC 交换是( )。

A. VPI 值改变,VCI 值不变　　　　　B. VPI 值、VCI 值均改变

C. VPI 值、VCI 值均不变　　　　　　D. VPI 值不变,VCI 值改变

10. ATM 网中 VP 交换是( )。

A. VPI 值改变,VCI 值不变　　　　　B. VPI 值、VCI 值均改变

C. VPI 值、VCI 值均不变　　　　　　D. VPI 值不变,VCI 值改变

11. 三层交换机的性能参数不包括( )。

A. 接口速率　　　B. 背板带宽　　　C. 地址表大小　　D. 以上都不对

12. X.25 中表示逻辑信道的标识是( )。

A. LCGN/LCN　　　B. DLCI　　　　C. VPI/VCI　　　　D. PVC/SVC

13. ATM 中表示逻辑信道的标识是( )。

A. LCGN/LCN　　　B. DLCI　　　　C. VPI/VCI　　　　D. PVC/SVC

14. X.25 建议规定一条数据链路上最多可分配的逻辑信道个数是( )。

A. 256　　　　　　B. 1 024　　　　C. 2 048　　　　　D. 4 096

15. ATM 信元的长度是( )。

A. 5 个字节　　　　B. 53 个字节　　C. 48 个字节　　　D. 256 个字节

16. ATM 一条虚通道(VP)最多可以提供的虚通路(VC)的个数是( )。

A. 65 536　　　　　B. 1 024　　　　C. 2 048　　　　　D. 4 096

三、判断题

( )1. 分组交换技术可以提高线路利用率。

( )2. ATM 交换技术通过 LCGN 和 LCN 来标识不同的识逻辑信道。

( )3. 帧中继协议对应 OSI 模型的物理层、数据链路层和网络层。

( )4. ATM 交换网络中,传送数据信息所使用的传输链路是物理连接。

( )5. IP 交换技术是 IP 技术和 ATM 技术的融合。

( )6. ATM 协议结构中的 ATM 层相对于 OSI 的第二层——数据链路层。

( )7. 三层交换机可以看作是将二层交换机和路由器的功能叠加在一起。

( )8. 四层交换机决定传输时不仅仅依据 MAC 地址或源/目标 IP 地址,而且依据
TCP/UDP 的应用端口号。

( )9. X.25 建议包括物理层和链路层两层。

( )10. 永久虚电路不需要预先建立虚电路就可以直接进行数据传输。

( )11. 帧中继传送数据信息所使用的传输链路是逻辑连接。

( )12. 分组交换比电路交换的线路利用率高。

( )13. 非分组终端需通过分组装拆设备(PAD)接入分组交换网。

( )14. 数据报方式为每个分组独立寻径,接收时需重新排序。

（　　）15. X.25、ATM 和帧中继中都采用了统计时分复用技术。

（　　）16. ATM 只对信元头进行差错检验,而对用户数据不进行差错检验。

（　　）17. UNI 是指用户设备与网络之间的接口。

（　　）18. NNI 是指网络节点接口,一般为两个交换机间的接口。

（　　）19. 标签添加和删除是由标签边缘路由器 LER 完成的功能。

（　　）20. ATM 采用的是面向连接的分组交换技术。

四、简答题

1. 简述分组交换技术的原理。

2. 为什么说 X.25 协议是最完备的?

3. 帧中继技术有哪些功能?

4. ATM 技术的特点有哪些?

5. 简述 MPLS 技术的工作原理。

6. 为什么要发展 IP 交换技术?

7. 简述 MPLS 的应用。

8. 与电路交换相比,分组交换有哪些特点?

9. 什么是面向连接的交换? 什么是无连接的交换?

10. 请画出帧中继的帧结构,并说明各字段含义。

11. 简要说明同步时分复用和异步时分复用的区别。

五、综合题

1. 试比较 X.25、帧中继和 ATM 技术的异同点。

2. 在 ATM 信元头格式中,如果为 UNI 信头,则 GFC/VPI 为_____;如果为 NNI 信头,则 GFC/VPI 为_____。如果为 UNI 信头,则最多可以有_____个 VP;如果为 NNI 信头,则最多可以有_____个 VP。虚信道 VC 最多可以有_____个。其中 CLP 表示_____。

GFC/VPI	VPI	
VPI	VCI	
VCI		
VCI	PTI	CLP
HEC		

图 3-26　ATM 信元头结构

3. 试画出 MPLS 在 PPP、以太网、帧中继和 ATM 中的标签格式。

4. 试比较常用 IP 网交换设备的工作原理。

模块四 新一代交换模块

本章内容

- 软交换网络体系结构；
- 软交换网络主要网元；
- 软交换网络主要协议；
- IMS 网络结构；
- EPC 架构。

本章重点

- 软交换网络体系结构；
- 软交换网络协议；
- IMS 网络组成；
- EPC 架构。

本章难点

- 软交换网络协议；
- IMS 网络组成；
- EPC 架构。

学习本章目的和要求

- 掌握软交换网络体系结构；
- 理解软交换主要协议；
- 理解 IMS 网络组成；
- 理解 EPC 网络架构。

目前,新一代交换技术主要包括软交换、IP 多媒体子系统(IP Multimedia Subsystem, IMS)、演进的分组核心网(Evolved Packet Core,EPC)等主要技术。

4.1 软交换技术

网络体系结构是基于对网络各种应用的深入了解抽象出来的设计原则的选择。软交换网络体系结构的总体目标是提供一种开放的,第三方可编程的,能够开发语音和多媒体、数据融合业务以及灵活的可扩展的业务逻辑执行环境(SLEE)的业务生成环境(SCE)。新业务的部署会因此而快速经济,并且能够和原有的业务进行互通,从而为终端用户提供连贯性强的业务。新的业务平台也应该支持业务的个性化、客户化,能够和分布在网络服务器中的各种业务互通。

图 4-1 所示为传统 PSTN 网络结构,可以看出,PSTN 网络主要由交换矩阵、系统处理机、中继模块、用户接口模块、信令终端以及附加在 PSTN 网络的智能网组成。在软交换网络中,这些设备都要被相应的设备所取代。

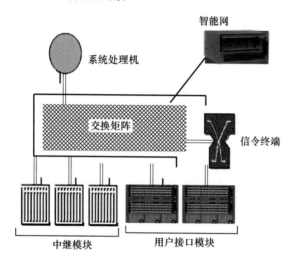

图 4-1　PSTN 网络结构

软交换网络结构如图 4-2 所示。

图 4-2　软交换网络结构

在图 4-2 所示软交换网络结构中，PSTN 网中的设备在 NGN 中均被相应设备所取代。具体情况是：系统处理机（控制部分）被软交换机取代；信令终端被信令网关取代；中继模块被中继网关取代；用户接口模块被各种各样的用户接入网关取代；智能网被形形色色的业务服务器取代；而最重要的交换网络被核心分组网取代。软交换机通过媒体控制协议（MGCP/H248 技术）来实现呼叫控制与媒体传输相分离，使 NGN 的语音业务功能与传统 PSTN 网络的交换机功能可以完全透明地兼容，从根本上确保了 IP 电话技术能够完全替代 PSTN 网络中的交换机，在 NGN 网络中涉及的各种设备在后面章节中均有详细介绍。

图 4-3 所示为一个从媒体传输中松绑业务和控制的软交换解决方案的模型。

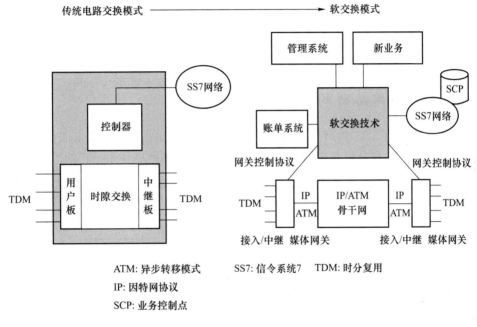

图 4-3　松绑业务和控制的软交换解决方案的模型

图 4-3 中左边是用模型表示的传统电路交换机的功能组成，右边是应用软交换技术松绑和分散核心功能，并跨越分组骨干网的模型组成。

TDM 技术与软交换技术的比较如表 4-1 所示。

表 4-1　TDM 技术与软交换技术的比较

	TDM 技术	软交换技术
网络结构	业务/控制/承载合一，网络不灵活，业务提供复杂	业务/控制/承载分离，各个层次可以独立演进
网络传送	对每个建立的连接采用独占资源方式，资源利用率低	采用包交换作为传送技术，资源利用率高
业务提供	每提供一个新业务，需要升级所有网元，对网络影响很大，工程量非常巨大	采用开放的 API 接口，方便提供各种新业务。业务部署只和软交换机有关，升级方便
业务接入能力	只能提供窄带，数据业务提供不灵活	可以提供各种宽窄带业务，实现非实时业务
网络组网	接口种类繁多，网络层次多，组网复杂	接口种类少，可以实现扁平化组网

	TDM 技术	软交换技术
维护管理	由于网络复杂，网络管理必然复杂，维护成本非常高	网络简单，节点少，因此网络管理简化，维护费用低
承载方式	TDM 承载，时延抖动小，性能稳定	IP 承载，时延随 IP 网络变化，需要考虑 QoS 策略
成熟度	应用多年，非常成熟	应用时间虽然不长，但成熟度已经过市场考验

软交换将传统电路交换领域的业务移植到分组承载网上来实现。传统电信业务从专用 TDM 承载向统一的共享式 IP/ATM 多业务传输网络转移，在维持用户接入方式不变的前提下借助接入网关完成网络层业务传输的分组化。原电路交换网络设备被划分为物理上独立的控制面软交换和承载面媒体网关两部分，PSTN/ISDN/PLMN 最终用户基本感觉不到业务特性及接入方式的变化。

4.1.1 软交换网络结构

国际软交换联盟(ISC)的研究认为，软交换在 NGN 中起业务控制节点的作用，NGN 是一个基于软交换技术和分组方式的、开放的融合网。软交换网络体系结构如图 4-4 所示。

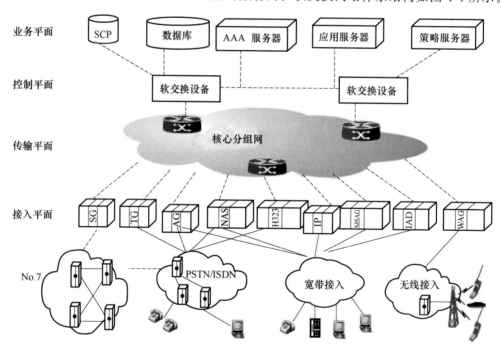

图 4-4 软交换网络体系结构

软交换网络从功能上可分为接入平面、传输平面、控制平面和业务平面。

（1）接入平面

提供各种网络和设备接入到核心骨干网的方式和手段，主要包括信令网关、媒体网关、接入网关等多种接入网关设备。

网关的作用是使一个网络中的信息能够在另一网络中传输，主要完成媒体信息格式的转换、信令信息/协议的转换和控制网关内部资源的功能。网关按功能实体分为媒体网关和信令网关。

媒体网关是处于不同媒体域之间的一种转换设备,主要功能是实现不同媒体域(如电路域、IP域和ATM域等)的互连互通。

信令网关是No.7信令网与IP网的边缘接收和发送信令信息的信令代理。

接入网关完成用户接入网络或终端用户的接入,具有媒体网关(MG)的全部功能,具有全部或部分信令网关(SG)的功能。

(2)传输平面

负责提供各种信令和媒体流传输的通道,网络的核心传输网将是IP分组网络。在给定的策略限制下,向业务域提供具有QoS保障的连接。

(3)控制平面

主要提供呼叫控制、连接控制、协议处理等能力,并为业务平面提供访问底层各种网络资源的开放接口。该平面的主要组成部分是软交换设备。

(4)业务平面

利用底层的各种网络资源为用户提供丰富多样的网络业务。主要包括应用服务器(AS)、策略/管理服务器(PS)、认证/授权/计费(AAA)服务器等。其中最主要的功能实体是AS,它是软交换网络体系中业务的执行环境。

可以看出,软交换采用分层、开放的体系结构,将传统交换机的功能模块分离成独立的网络实体,各实体间采用开放的协议或API接口,从而打破了传统电信网封闭的格局,实现了多种异构网络间的融合。

4.1.2　软交换网络的网元

1. 业务层网元

业务层网元主要包括业务控制点(SCP)、大容量分布式数据库、AAA服务器、应用服务器和策略服务器。SCP和应用服务器等构成业务平台,完成新业务生成和提供功能。AAA服务器、大容量分布式数据库、策略服务器等是系统的主要支撑设备,为软交换系统的运行提供必要的支持。

下面介绍应用服务器、策略服务器和AAA服务器3个业务层主要网元及其功能。

(1)应用服务器

应用服务器是在软交换网络中向用户提供各类增强业务的设备,它负责业务逻辑的执行、业务数据和用户数据的访问、业务的计费和管理等。应用服务器的引入打破了传统电信网络闭门造"车"的封闭局面,降低了业务开发的门槛,充分体现了软交换网络业务开放的特性。

应用服务器在软交换网络的基本位置如图4-5所示。

在图4-5中应用服务器除了处理软交换的SIP业务请求,从而为软交换网络的用户提供增强业务外,还可以提供智能网业务,以及可以提供API以调用第三方的应用。

应用服务器提供智能网业务有两种情况。一种情况是应用服务器与具备业务交换功能(SSF)的软交换通过智能网应用协议(INAP)互通,为来自软交换的智能网呼叫提供服务。另一种情况是应用服务器通过信令网关与现有的智能网SSP/IP设备互通。如果业务需

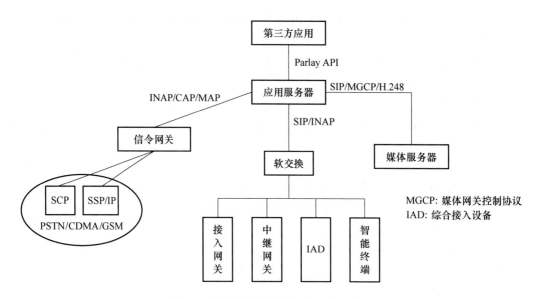

图 4-5 应用服务器在软交换网络的位置

要,应用服务器也可以与业务控制点(SCP)进行互通。当应用服务器提供 API 接口调用第三方业务应用时,API 可以是 Parlay API 或其他 API。当应用服务器提供 Parlay API 时应具有 Parlay 网关的功能,完成 Parlay API 与底层各种协议之间的映射。

应用服务器在软交换中主要提供业务控制功能、媒体控制功能、业务数据功能、协议适配功能、计费功能、应用执行环境功能、操作维护管理等功能,此外还可为选地提供 API 接口功能、Parlay 网关功能等。

① 业务控制功能

业务控制功能是指应用服务器对于来自软交换或来自 PSTN 中 SSP(通过信令网关)的业务请求能够根据收到的信息确定需要调用的业务逻辑,按照业务逻辑的要求控制业务的执行并通过与呼叫控制实体(软交换或 SSP)的交互完成业务控制和呼叫控制功能。应用服务器应能够实现对软交换发起的 SIP 业务请求和 INAP 智能业务请求的控制。当实现 SIP 业务请求时,应用服务器根据 SIP 请求中的信息调用相应的业务逻辑进行执行,根据执行需要,应用服务器给软交换发送新的目的地址或者为呼叫分配媒体资源或者监视软交换的后续呼叫事件。

② 媒体控制功能

媒体控制功能是指应用服务器根据业务逻辑的需要对媒体服务器上的媒体资源进行控制。例如,产生和发送信号音、播放录音通知、收集 DTMF(双音多频)信号、向会议业务提供会议资源桥。

③ 业务数据功能

业务数据功能是指应用服务器通过其内部的数据库提供业务执行所需要的业务和用户数据,并对数据进行核实、删除或更新的管理工作。

④ 协议适配功能

协议适配功能是指应用服务器对来自不同网络实体的不同呼叫能够提供正确的协议与之适配,包括对来自软交换的 SIP、INAP 或来自媒体服务器的 SIP、MGCP、H.248 的适配。

⑤ 计费功能

计费功能是指应用服务器具有各种业务所需要的计费信息,并具有对各种业务呼叫进行计费的功能,完成计费数据的产生、存储和传送。应用服务器除了提供按时长计费的方式外,对于 SIP 呼叫还应可提供按流量计费或组合计费,并且可以根据需求把费用记到与主、被叫号码关联的账号上。对于通过第三方实现的业务,应用服务器还应具备配合第三方计费并与其结算的计费功能。

⑥ 应用执行环境

应用执行环境的功能是为应用服务器中的业务逻辑程序提供执行环境。业务在应用执行环境中执行并产生支持应用执行的一系列功能实体动作,实现对网络能力的使用。

⑦ Parlay API 和 Parlay 网关功能

当业务由第三方的业务提供商提供时,本地的应用服务器应该通过 Parlay API 向第三方的应用服务器提供业务接口,并通过 Parlay 网关功能实现 SIP/H.248/MGCP/INAP 协议到 Parlay API 的映射翻译。

⑧ 操作维护管理功能

应用服务器应提供本地的操作维护管理功能,并具有与网络中的操作维护管理系统进行通信的接口,完成对业务和设备的操作维护和管理。

(2)策略服务器

策略服务器负责用户的安全、QoS 与业务方面的策略控制,它是业务层面与承载层面的桥梁,把来自业务层面的控制策略下发到承载层接入点(如宽带接入服务器(BAS))来实施策略控制。

具体说来,策略服务器的作用是能同时与软交换和承载网设备(BAS 和三层交换机等)进行交互,使承载网设备可以感知软交换所管理用户的 NGN 业务质量要求,从而在接入汇聚层进行相应操作,使 NGN 的传送承载网成为一个感知 NGN 业务的承载网。策略服务器在软交换网络中的位置如图 4-6 所示。

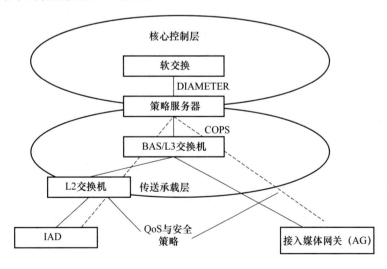

图 4-6　策略服务器在软交换网络的位置

目前倾向于使用公共开放策略服务协议(COPS)作为策略服务器与承载网设备之间交

互的协议标准,以使各厂家设备良好互通。而软交换与策略服务器之间的协议尚未统一,目前倾向于采于 DIAMETER。

策略服务器的主要功能有以下几个方面。

① 动态 QoS 策略设定

带宽是一种重要的网络资源,在接入汇聚层存在带宽收敛,需要在这个层面对 NGN 承载网的资源进行调度,以保证用户业务的 QoS。通过感知 NGN 业务承载网,在接入汇聚层可按用户及业务进行动态 QoS 策略配置,为用户提供差异性业务,保证用户的服务等级协议(SLA)。策略服务器(PS)可以下发 QoS 策略给 BAS 或三层交换机,BAS 或三层交换机还可进一步通过协议下发 QoS 策略给下挂的 L2 交换机,从而最终保证用户所选业务的 QoS。

② 接入用户数的控制

对于 NGN 视频等占用带宽资源较多的业务,如果承载网对 NGN 业务没有感知,就会存在信令通,但媒体流质量得不到 QoS 保障,或者新加入的用户对已有用户造成冲击。软交换不仅可以通过策略服务器下发 QoS 策略给 BAS 或三层交换机,还可从策略服务器处获得目前承载网的带宽占用情况,从而决定是否允许新用户的业务接入,如果带宽资源不足,直接拒绝用户的接入。这样可让正在使用业务的用户在保证业务质量的情况下,充分利用带宽资源。

③ 防带宽盗用

NGN 业务资费模式与数据业务资费模式是不同的,并不是在接入分配地址时就开始计费,而是在软交换使用业务时进行计费。但 NGN 业务的特点又要求用户永久在线。如果不对 IAD 接入进行控制,IAD 用户可能利用 NGN 进行带宽盗用,如盗用带宽进行专线应用,会严重影响运营商的营业收入,严重影响 NGN 承载网的性能。

(3) AAA 服务器

要建立一个安全的网络环境,必须提供一定的验证手段。目前,提供这种功能的最佳途径就是通过 AAA 服务器,由它来完成终端的认证、Web 用户认证、计费等功能。

AAA 服务器在物理上可以由具备不同功能的独立的支持 RADIUS 协议的服务器构成,即认证服务器、授权服务器和计费服务器。认证服务器保存用户的认证信息和相关属性,当接收到认证申请时,支持在数据库中对用户数据的查询。在认证完成后,授权服务器根据用户信息授权用户具有不同的属性。

2. 控制层网元

控制层网元主要是软交换设备。

软交换技术是典型的为分组网的语音目的而设计的技术实践手段。软交换借用了传统电信领域 PSTN 网中的"硬"交换机 switch 的概念,所不同的是强调其基于分组网和呼叫控制与媒体传输承载相分离的含义。软交换是 NGN 中的重要组成部分,但它更多的是关注呼叫控制功能的设备和系统,其本身并不能构成特别的整体组网技术机制和网络体系架构。软交换机是 NGN 中 IP 电话技术的一种重要实现手段。

从由软交换机所提供的电话业务和其技术特征来看,软交换机是 NGN 体系中一个重要的组成部分,但并没有提供任何整套网络架构的根本创新。

软交换机提供业务的方式有两种。

① 基本业务和补充业务都是在软交机中直接完成的。

② 增值业务提供方式有 3 种。

• 通过 API 开放业务,由 Application Server 或第三方业务平台开放业务逻辑,Softswitch 负责业务具体的实施。

• Softswitch 充当 SSP,通过 INAP 和智能网中已有的 SCP 通信,重用目前已经存在的智能业务。

• 直接在 Softswitch 本机上提供增值业务(如 800 号、移机不改号)等。

3. 传输层网元

传输层网元包括 IP 路由器、ATM 交换机等分组网核心设备。

(1) 路由器

传统路由器工作于 OSI 七层协议的第三层,其主要任务是接收来自于一个网络接口的数据包,根据其中包含的目的地址,决定转发下一个目的地址。简单地说,路由器的主要工作就是为经过路由器的每个数据帧寻找一条最佳传输路径,并将该数据有效地传送到目的站点。由此可见,选择最佳路径策略(或叫选择最佳路由算法)是路由器的关键所在。路由器转发数据包的过程如图 4-7 所示。

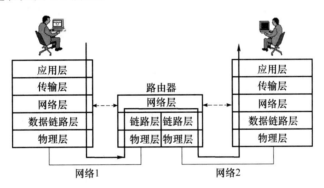

图 4-7 路由器转发数据包过程

图 4-7 中,路由器连接了网络 1 和网络 2 两个网络,对于网络间传递的数据包,路由器负责将每个数据包网络层的包头打开,分析目的网络地址,然后根据路由表将数据包转发到相应输出端口。

为了完成这项工作,在路由器保存着各种传输路径的相关数据——路由表,供选择路由时使用(实际上是查找输出端口)。路由表中保存着子网的标志信息、网上路由器的个数和下一个路由器的名称等内容。路由表可以是由系统管理员固定设置好的,也可以由系统动态修改(静态路由);可以由路由器自动调整(动态路由)。路由器根据路由选择协议(Routing Protocol)提供的功能,自动学习和记忆网络运行情况,在需要时自动计算数据传输的最佳路径。

路由器转发 IP 分组时,只根据 IP 分组目的 IP 地址的网络号部分,选择合适的端口,把 IP 分组送出去。路由器也有它的默认网关,用来传送不知道往哪儿送的 IP 分组。这样,通过路由器把知道如何传送的 IP 分组正确转发出去,不知道的 IP 分组送给"默认网关"路由器,这样一级级地传送,IP 分组最终将送到目的地,送不到目的地的 IP 分组则被网络丢弃了。

图 4-8 中路由器连接了 3 个网络。

图 4-8　路由器连接的多个网络

表 4-2 是图 4-8 中路由器 R_1 的路由表。

表 4-2　图 4-8 中 R_1 路由表

目的网络	下一跳路由器地址	目的网络	下一跳路由器地址
172.16.0.0	直接(从 s_0)	10.0.0.0	202.168.0.2
202.168.0.0	直接(从 s_1)	default	202.168.0.2

对于路由器 R_1,转发数据包有以下几种情况:

- 如果收到的数据包目的网络是 172.16.0.0,则通过 s_0 直接转发数据包;
- 如果收到的数据包目的网络是 202.168.0.0,则通过 s_1 直接转发数据包;
- 如果收到的数据包目的网络是 10.0.0.0,则下一跳是路由器 R_2(202.168.0.2);
- 如果收到的数据包目的网络是除了以上 3 个网络以外的其他网络,则下一跳是路由器 R_2(202.168.0.2)。

传统的路由器在转发每一个分组时,都要进行一系列的复杂操作,包括路由查找、访问控制表匹配、地址解析、优先级管理以及其他的附加操作。这一系列的操作大大影响了路由器的性能与效率,降低了分组转发速率和转发的吞吐量,增加了 CPU 的负担。而经过路由器的前后分组间的相关性很大,具有相同目的地址和源地址的分组往往连续到达,这为分组的快速转发提供了实现的可能与依据。新一代路由器,如 IP Switch、Tag Switch 等,就是采用这一设计思想用硬件来实现快速转发,大大提高了路由器的性能与效率。

(2) ATM 交换机

ATM 是一种面向连接的快速分组交换技术,建立在异步时分复用基础上,并使用固定长度的信元,支持包括数据、语音、图像在内的各种业务的传送。ATM 是以分组交换传送模式为基础并融合了电路交换传送模式高速化的优点发展而成的,具有电路交换和分组交换的双重性。

ATM 交换有两条根本点:信元交换和各虚连接间的统计复用。信元交换即将 ATM 信元通过各种形式的交换媒体,从一个 VP/VC 交换到另一个 VP/VC 上。统计复用表现在各虚连接的信元竞争传送信元的交换介质等交换资源,为解决信元对这些资源的竞争,必须对信元进行排队,在时间上将各信元分开,借用电路交换的思想,可以认为统计复用在交换中体现为时分交换,并通过排队机制实现。

ATM 交换机是用于 ATM 网络的交换机产品。但由于 ATM 网络独特的技术特性,现在还只广泛用于电信、邮政网的主干网段。相对于物美价廉的以太网交换机而言,ATM 交换机的价格是很高的,所以在普通局域网中见不到它的踪迹。

信元通常以 ATM 速率到达,一般在 150 Mbit/s 左右,即大约超过 360 000 信元/秒,这意味着交换机的周期大约为 2.7 μm。由于信元是固定长度并且较小(53 B),所以制造出这样的交换机是有可能的。若使用更长的可变长分组,高速交换会更复杂,这就是 ATM 使用固定长度的短信元的原因。

4. 接入层网元

接入层网元是指各种网关设备,包括 MG 和 SG。MG 按照其所在位置和所处理媒体流的不同,又分为中继网关(TG)、接入网关(AG)、综合接入设备(IAD)、无线接入网关(WAG)、H.323 终端、IP 终端等。下面主要介绍 MG 和 SG。

(1)MG

MG 完成信息传送媒体间相互转换,将一个网络中传送信息的媒体格式转换成另一网络所要求的媒体格式,是接入到 IP 网络的一个端点/网络中继或几个端点的集合,是分组网络和外部网络(PSTN、移动网络等)之间的接口设备。MG 的主要功能是实现媒体流的转换处理,如模拟话音信号向数字话音压缩编码转换。

MG 在软交换设备(SS)的控制下,实现跨媒体业务。SS 与 MG 之间是控制与被控制的主从关系。

MG 主要完成媒体接入、协议处理、资源控制和管理、维护和管理等功能,如图 4-9 所示。

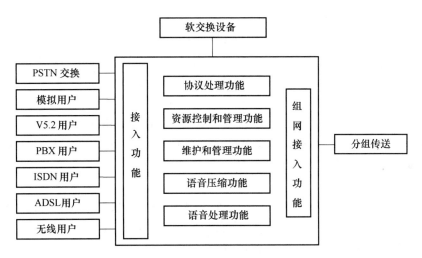

图 4-9 媒体网关功能

MG 根据网关电路侧接口的不同,分为接入网关和中继网关两类。

① 接入网关

接入网关是大型接入设备,提供普通电话、ISDN PRI/BRI、V5 等窄带接入,与软交换配合可以替代现有的电话端局。

当接入网关作为呼叫的主叫侧时,与软交换机配合完成呼叫的启呼、用户拨号的双音多频信号(DTMF)识别、放提示音等功能;当接入网关作为 VoIP 呼叫的被叫侧时,与软交换机配合完成呼叫的终结、用户振铃等功能。接入网关在信令网关的配合下完成现有电话用户接入。除完成电话端局功能外,接入网关同时提供数据接入功能,可以提供 ADSL、LAN 等宽带接入方式。

采用 AG 作为接入方式适用于容量较大的,用户较为集中的场合,如密集的小区和企业的话音接入。AG 作为局端设备管理维护方便,但 AG 下行只有双绞线接口,对于只有 5 类线路资源的场合或运营商,应用受限,需要在机房设置配线架,与多个 LanSwitch 等设备配合完成一根五类线方式的用户接入。

② 中继网关

中继网关属于媒体网关,提供中继接入,可以与软交换及信令网关配合替代现有的长途局或中继局。

中继网关在基于分组(可以是 IP 或 ATM)的 NGN 与电路交换网络(SCN)之间提供媒体映射和代码转换功能,即终止电路交换网络设施(中继线路、环路等),将媒体流分组化并在分组网上传输分组化的媒体流,中继网关也在分组网去往 SCN 的方向上执行类似的功能。

中继网关的主要功能如下。

* 话音处理功能:中继网关具有话音信号的编解码功能、回声抑制功能、静音压缩功能和消除时延抖动的输入缓存。
* 呼叫处理与控制功能:中继网关应具有 DTMF 检测和生成功能,能根据软交换机的命令对它所连接的呼叫进行控制,如接续、中断、动态调整带宽,能够检测出 PSTN 侧的用户占线、久振无应答等状态,并将用户状态向软交换机报告,能够根据软交换的指示生成回铃音和向用户播放正确的提示音。
* 资源管理功能:中继网关的该功能包含两个方面——资源状态管理功能和资源分配功能。资源状态管理功能是指中继网关可以向软交换机报告由于故障、恢复或管理行为而造成的物理实体的状态改变,并能根据软交换的控制为任何连接释放当前正在使用或预留的资源。
* 维护和管理功能:主要包括对控制与连通性的保证和差错控制。
* IP 语音的 QoS 管理功能:主要包括对收端输入缓冲的动态调整和向软交换汇报在特定关联中存在的终结点状态和使用消息。

③ IAD

IAD 是软交换体系中的用户接入层设备,用来将用户的数据、语音及视频等业务接入到分组网络中。IAD 的用户端口数一般不超过 48 个。IAD 是适用于小企业和家庭用户的接入产品,可提供话音、数据、多媒体业务的综合接入。

IAD 的优势在于数据业务在网络中有很好的通过性,而为了保证话音业务的质量,就要求 IAD 具有一些相对复杂的机制。

为了保证端到端话音业务的实施,IAD 必须具有以下功能机制。

① 呼叫处理功能

首先,IAD 在发送端要能识别出用户终端发出的双音多频信号,将其转化成相应的数字,封装在信令中,传给上级软交换设备;在接收端要能恢复成规定的信号传给用户终端。

其次,IAD 要完成上级软交换设备下达的相关呼叫控制命令,如动态话音编解码算法调整、摘/挂机等各类事件的监测,产生并向用户终端发送各种信号音及铃流,释放已建立连接所占用的资源等。

最后,IAD 还要具有上报功能,向上级软交换设备上报资源状态、故障事件等。

② 媒体控制功能

这是一种对资源合理管理的机制。可以根据上级软交换设备的指令,对资源进行预留。

可以根据资源状况(即网络的忙闲情况),提供不同的编解码方式。当网络带宽资源不足时,可根据软交换的控制将高速编码算法转换成低速编码算法,实施流控,缓解网络压力;当网络带宽资源充足时,可以根据软交换的控制将低速编码算法转换成高速编码算法,提高话音质量。

③ 话音处理功能

众所周知,IP 网存在两个问题——时延大、有丢包。时延大会带来回声,少量丢包会带来话音质量下降,所以,在接收端 IAD 要具有回声抑制功能和产生舒缓背景杂音功能。在接收端还要设置接收缓冲区,尽可能消除时延抖动对话音质量的影响。

④ 话音 QoS 管理功能

为了避免时延抖动对话音质量的影响,在设计接收端缓冲区大小的时候就必须考虑到时延抖动的最差情况,保证一定的缓存区大小。但如果缓冲区过大,则意味着端到端的时延增加,通信效率降低。

(2) SG

SG 目前主要指七号信令网关设备。传统的七号信令系统是基于电路交换的,所有应用部分都是由 MTP 承载的,在软交换体系中则需要由 IP 来承载。SG 位于接入层,为跨接在 No.7 信令网和分组网之间的设备,负责对 SS7 信令消息进行转接、翻译或终结处理。

在 IP 网络中,信令可以通过 TCP、UDP、流控制传输协议(SCTP)等传输层协议进行传输。SCTP 是一个新型协议,支持经过多条路径向同一目的地传输,可靠性和实时性都较高,适合信令传输的要求。

各种信令传输使用的承载协议如图 4-10 所示。H.323 协议使用 TCP,H.248 可以使用 TCP 或 UDP,SIP 则可以选择使用 TCP、UDP、SCTP、与承载无关的呼叫控制协议(BICC)、No.7 信令用户部分可通过 SIGTRAN 适配层经过 SCTP 传输。

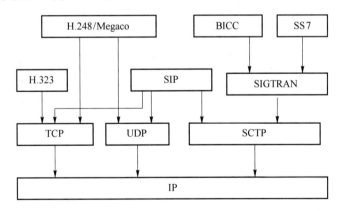

图 4-10　信令承载协议结构

可以看出,信令网关的功能就是完成基于电路中继的 No.7 信令系统和基于分组网(IP 承载)的 SIGTRAN 信令系统的转换。

信令网关主要接口包括窄带 El 接口和宽带以太网接口,支持的协议包括窄带 MTP、SCCP、OMAP 等,增加了 IP 侧的 SCTP、M3UA、M2PA 等协议。在 PSTN 电话网一侧,信令网关必须支持 No.7 信令的多种格式,包括传统的窄带和宽带 No.7 信令,支持传统的T1/E1/J1 接口。在 IP 网络一侧,必须支持不同的物理传输介质及高速宽带和 IP 信令接口,即 SCTP 和 SIGTRAN(M2PA,M3UA,SUA 等)。

4.1.3 软交换网络主要协议

前面介绍了基于软交换的软交换网络结构及各个层面的网元,如何将这些设备联系起来,使它们成为有机的整体统一运作,需要各种通信协议去实现设备与设备之间的交互与协调。软交换网络是基于 IP 技术的多厂商、多技术、不同体系结构的复杂融合体,标准化协议是支持通信设备互通互联、提高通信设施效率、保障通信网络服务质量的关键因素。

接口代表两个相邻网络实体间的连接点,而协议定义了这些连接点(接口)上交换信息需要遵守的规则。在不同的接口上往往会使用不同的协议,同一个接口上也可能使用不同的协议。软交换是一种开放和多协议实体,它与各种媒体网关、终端和网络等其他实体间采用标准协议进行通信,包括 MGCP、H.248、SCTP、SIP、BICC 等。图 4-11 说明了软交换网络的接口协议。

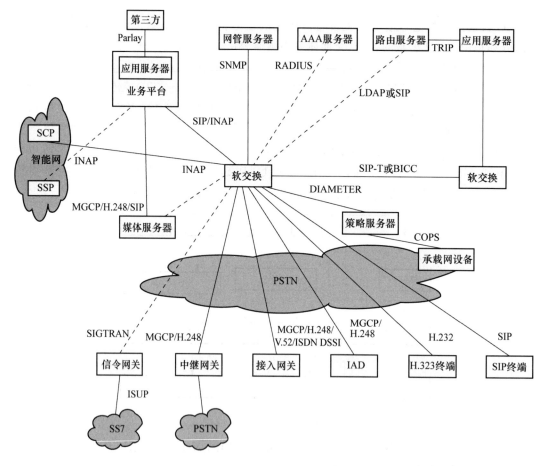

图 4-11 软交换网络的接口协议

按照功能和特点来分,软交换协议可以分为呼叫控制协议、传输控制协议、媒体控制协议、业务应用协议、维护管理协议等。

- 呼叫控制协议:包括 BICC;SIP-T;H.323;ISUP、TUP 等。

　　BICC 协议由 ITU-T SG11 研究组完成标准化,由 ISUP 协议演进而来,是一种在骨干网中实现使用与业务承载无关的呼叫的控制协议。

　　H.323 是由 ITU 制定的通信控制协议,用于在分组交换网中提供多媒体业务,可用来建立点到点的媒体会话和多点间媒体会议。

　　• 传输控制协议:包括 SIGTRAN;SCTP;TCAP、SCCP;IUA、M3UA;MTP3;RTP、RTCP;TCP、UDP;IP;ATM 等。

　　SIGTRAN 协议簇是 IETF 的 SIGTRAN 工作组制定的 PSTN 信令与 IP 互通规范。该协议簇支持通过 IP 网络传输传统电路交换网信令。

　　• 媒体控制协议:包括 H.248;SIP;MGCP 等。

　　MGCP 是一种媒体网关控制协议。呼叫控制功能独立在 MG 外部,由 MGC 或 CA 的外部呼叫控制单元处理,MG 需要执行 MGC 发出的命令。MGCP 协议是一个主从协议。

　　H.248 协议是媒体网关控制器与媒体网关之间的一种媒体网关控制协议,与 MGCP 协议相比,H.248 协议可以支持更多类型的接入技术并支持终端的移动性,便于支持更大规模的网络应用。

　　SIP 协议是一个在 IP 网络上进行多媒体通信的应用层控制协议,用于创建、修改、终结一个或多个参加者参加的会话进程。参加会话的成员可以通过组播方式、单播联网方式或者两者结合的方式进行通信。

　　• 业务应用协议:包括 ParLay;JAIN;INAP;MAP;LDAP;RADIUS。

　　ParLay 协议是 ParLay 工作组制定、由欧洲电信标准委员会(ETSI)发布的开放业务接入的应用编程接口(API)标准,是 NGN 重要的业务接口应用协议。

　　RADIUS 协议最初的目的是为拨号用户进行认证和计费。经过多次改进,形成了一项通用的认证计费协议。因而,软交换与 AAA 认证服务器之间可采用 RADIUS 协议。

　　• 维护管理协议:包括 SNMP 和 COPS(公共开放策略服务)协议。

　　COPS 协议是一种简单的查询和响应协议,它用于策略服务器(策略决策点 PDP)和其客户(策略执行点 PEP)之间交互策略信息。COPS 是一种简单但可扩展的协议。

　　Diameter 协议被 IETF 的 AAA 工作组作为下一代的 AAA 协议标准。Diameter 协议支持移动 IP、NAS 请求和移动代理的认证、授权和计费工作,协议的实现和 RADIUS 类似,也是采用属性值对来实现。

　　下面介绍常用的信令传输、媒体控制和呼叫控制三大类主要协议。

1. 信令传输协议

　　信令传输协议(Signaling Transport Protocol,SIGTRAN)簇是信令网关和软交换设备间的控制协议。

　　SIGTRAN 协议簇是 IETF 的 SIGTRAN 工作组制定的 PSTN 信令与 IP 互通规范。该协议簇支持通过 IP 网络传输传统电路交换网(Switched Circuit Network,SCN)信令。需要注意的是 SIGTRAN 协议簇只是实现 SCN 信令的在 IP 网的适配与传输,不处理用户层信令消息。

　　SIGTRAN 协议簇从功能上可分为两大类。

　　• 第一类是通用信令传输协议。通用信令传输协议实现 PSTN 信令在 IP 网上高效、可靠的传输,目前采用 IETF 制定流控制传输协议(Stream Control Transmission Protocol,

SCTP)。

• 第二类是 PSTN 信令适配协议。该类协议主要是针对 SCN 中现有的各种信令协议制定的信令适配协议,包含了 MTP 第二级用户适配层协议(No. 7 MTP2-User Adaptation Layer,M2UA)、MTP 第三级用户适配层协议(No. 7 MTP3-User Adaptation Layer,M3UA)、ISDN 用户适配层协议(ISDN Q. 921-User Adaptation Layer,IUA)和 V5 用户适配层协议(V5.2-User Adaptation Layer,V5UA)。

SIGTRAN 协议模型如图 4-12 所示。

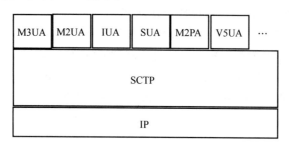

图 4-12 SIGTRAN 协议模型

SIGTRAN 在 NGN 中的应用如图 4-13 所示。即软交换机(Softswitch)通过 SIGTRAN 协议与 SG 连接,将窄带电路交换网信令(如 No. 7 的 ISUP、INAP 等)通过 IP 网进行传输。

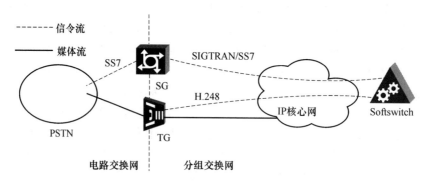

图 4-13 SIGTRAN 在 NGN 网络组网中的应用

(1) 通用信令传输协议

在 SCTP 制定以前,在 IP 网上传输 PSTN 信令使用的是 UDP、TCP 协议。UDP 是一种无连接的传输协议,无法满足 PSTN 信令对传输质量的要求。TCP 协议是一种有连接的传输协议,可以信令的可靠传输,但是 TCP 协议具有行头阻塞、实时性差、支持多归属比较困难、易受拒绝服务攻击(DoS)的缺陷。因此 IETF(Internet Engineering Task Force)RFC2960 制定了面向连接的基于分组的可靠实时传输协议 SCTP 协议。SCTP 对 TCP 的缺陷进行了完善,使得信令传输具有更高的可靠性,SCTP 的设计包括适当的拥塞控制、防止泛滥和伪装攻击、更优的实时性能和多归属性支持。

SCTP 协议相关术语如下:

① 传送地址

传送地址由 IP 地址、传输层协议类型和传输层端口号定义。由于 SCTP 在 IP 上传输,所以一个 SCTP 传送地址由一个 IP 地址加一个 SCTP 端口号确定。SCTP 端口号就是 SCTP 用来识别同一地址上的用户,和 TCP 端口号是一个概念。比如 IP 地址 10.105.28. 92 和 SCTP 端口号 1 024 标识了一个传送地址,而 10.105.28.93 和 1 024 则标识了另外一个传送地址,同样,10.105.28.92 和端口号 1 023 也标识了一个不同的传送地址。

② 主机和端点

主机(Host):主机配有一个或多个 IP 地址,是一个典型的物理实体。

端点(SCTP Endpoint):端点是 SCTP 的基本逻辑概念,是数据报的逻辑发送者和接收者,是一个典型的逻辑实体。

一个传送地址(IP 地址＋SCTP 端口号)唯一标识一个端点。一个端点可以包括多个传送地址。对于同一个目的端点而言,这些传送地址中的 IP 地址可以配置成多个,但必须使用相同的 SCTP 端口。

需注意的是,一个主机上可以有多个端点。

③ 偶联和流

偶联（Association）:偶联就是两个 SCTP 端点通过 SCTP 协议规定的 4 步握手机制建立起来的进行数据传递的逻辑联系或者通道。

如图 4-14 所示,一个偶联的建立包括 4 次握手过程:INIT、INIT ACK、COOKIE ECHO 和 COOKIE ACK。

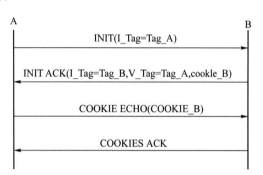

图 4-14　SCTP 四步握手建立偶联

第一步握手:端点 A 发送初始消息 INIT。

端点 A 创建一个数据结构传输控制块 (TCB)来描述即将发起的这个偶联(包含偶联的基本信息),然后向端点 B 发送 INIT 数据块。INIT 数据块中主要包括如下参数。

- 启动标签(Initiate Tag):对端验证标签,如设为 Tag_A。Tag_A 是从 1 到 4 294 967 295 中的一个随机数。
- 输出流数量(OS):本端点期望的最大出局流的数量。
- 输入流数量(MIS):本端点允许入局流的最大数量。

第二步握手:端点 B 回应初始消息 INIT。

端点 B 收到 INIT 消息后,立即用 INIT ACK 数据块响应。INIT ACK 数据块中必须带有如下参数。

- 目的地 IP 地址:设置成 INIT 数据块的起源 IP 地址。
- 启动标签(Initiate Tag):设置成 Tag_B。
- 状态 COOKIE(STATE COOKIE):根据偶联的基本信息生成一个 TCB,不过这个 TCB 是一个临时 TCB。

第三步握手:端点 A 回应 COOKIE。

端点 A 收到 INIT ACK 后,首先停止 INIT 定时器离开 COOKIE-WAIT 状态,然后发送 COOKIE ECHO 数据块,将收到 INIT ACK 数据块中的 STATE COOKIE 参数原封带回。最后端点 A 启动 COOKIE 定时器并进入 COOKIE-ECHOED 状态。

第四步握手：端点 B 验证 COOKIE。

端点 B 收到 COOKIE ECHO 数据块后，进行 COOKIE 验证。将 STATE COOKIE 中的 TCB 部分和本端密钥计算，得出的 MAC 和 STATE COOKIE 中携带的 MAC 进行比较。如果不同，则丢弃这个消息；如果相同，则取出 TCB 部分的时间戳，和当前时间比较，看时间是否已经超过了 COOKIE 的生命期。如果是，同样丢弃。否则根据 TCB 中的信息建立一个和端点 A 的偶联。端点 B 将状态迁入 ESTABLISHED，并发出 COOKIE ACK 数据块。端点 B 向 SCTP 用户发送 SCOMMUNCIATION UP 通知。

偶联关闭流程如图 4-15 所示。

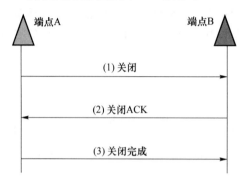

图 4-15　偶联关闭流程

SCTP 协议规定在任何时刻两个端点之间能且仅能建立一个偶联。由于偶联由两个端点的传送地址来定义，所以通过数据配置本地 IP 地址、本地 SCTP 端口号、对端 IP 地址、对端 SCTP 端口号 4 个参数，可以唯一标识一个 SCTP 偶联。正因为如此，在软交换机中，偶联可以被看成是一条 M2UA 链路、M3UA 链路、V5UA 链路或 IUA 链路。

流是 SCTP 协议的一个特色术语。SCTP 偶联中的流用来指示需要按顺序递交到高层协议的用户消息序列，在同一个流中的消息需要按照其顺序进行递交。严格地说，"流"就是一个 SCTP 偶联中，从一个端点到另一个端点的单向逻辑通道。一个偶联是由多个单向的流组成的。各个流之间相对独立，使用流 ID 进行标识，每个流可以单独发送数据而不受其他流的影响。

一个偶联中可以包含多个流，如图 4-16 所示。可用流的数量是在建立偶两时由双方端点协商决定，而一个流只能属于一个偶联。同时，出局的流数量可以与入局流数量的取值不同。顺序提交的数据必须在一个流里面传输。

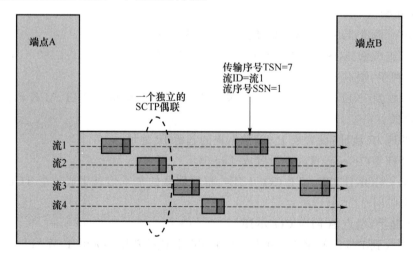

图 4-16　一个偶联中包含多个流

④ 通路和首选通路

通路(Path)是一个端点将 SCTP 分组发送到对端端点特定目的传送地址的路由。当分组发送到对端端点不同的目的传送地址时,不需要配置单独的通路。

一个偶联可以包括多条通路,但只有一个首选通路(Primary Path)。首选通路是在默认情况下,目的地址、源地址在 SCTP 分组中发到对端端点的通路。如果可以使用多个目的地地址作为到一个端点的目的地址,则这个 SCTP 端点为多归属。如果发出 SCTP 分组的端点属于多归属节点,定义了目的地址、源地址,就能够更好地控制响应数据块返回的通路和数据包被发送的接口。

如图 4-17 所示,Softswitch 一个端点包括两个传送地址(10.11.23.14:2905 和 10.11.23.15:2905),而 SG 一个端点也包括两个传送地址(10.11.23.16:2904 和 10.11.23.17:2904)。

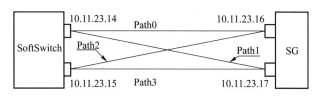

图 4-17　SCTP 双归属

这两个端点决定了一个偶联,该偶联包括 4 条通路(Path0、Path1、Path2、Path3)。根据数据配置可以确定这 4 条通路的选择方式,如图 4-17 所示。图中定义了 4 条通路,而且首选通路为 Path0。

• Path0:本端传送地址 1(10.11.23.14:2905)发送 SCTP 分组到对端传送地址 1(10.11.23.16:2904)。

• Path1:本端传送地址 1(10.11.23.14:2905)发送 SCTP 分组到对端传送地址 2(10.11.23.17:2904)。

• Path2:本端传送地址 2(10.11.23.15:2905)发送 SCTP 分组到对端传送地址 1(10.11.23.16:2904)。

• Path3:本端传送地址 2(10.11.23.15:2905)发送 SCTP 分组到对端传送地址 2(10.11.23.17:2904)。

端点发送的 SCTP 工作原理为:本端点传送地址 A 发送的 SCTP 包通过首选通路发送到对端端点。当首选通路出现故障后,SCTP 可以自动切换到其他备用通路上,优先切换对端端点的传送地址,再次切换本端端点的传送地址。

⑤ TCB

TCB 是一种内部数据结构,是一个 SCTP 端点为它与其他端点之间已经启动的每一个偶联生成的。TCB 包括端点的所有状态、操作信息,便于维护和管理相应的偶联。

如图 4-18 所示,SCTP 的功能主要包括偶联的建立和关闭、流内消息的顺序递交、用户数据分段、证实和避免拥塞、数据块绑定、分组的有效性和通路管理等。

(2) 信令适配协议

MTP 第三级用户适配协议(M3UA)是目前 3GPP 建议采用的 SIGTRAN 协议,M3UA 能同时支持目前所有的移动网络协议,包括 BICC、ISUP、MAP、CAP。

　　M3UA 的优点是协议栈简单,使得 BICC 和 SCCP
协议绕过七号信令系统中复杂的 MTP 协议而直接承载
在 IP 层之上,完成了应用协议在底层上从 TDM 技术向
IP 技术的平滑过渡。采用 M3UA,人们可以完全不用
关注底层,不用考虑信令消息是通过 TDM 链路还是通
过 IP 链路来传递和检验,而直接关注于上层应用协议
的内容。

　　M3UA 最常用应用于 SG 和 SS 之间,在 SS7 侧终
结 MTP1～MTP3 数据包,在 IP 侧进行消息选路。
M3UA 在网络的应用如图 4-19 所示。

　　M2UA 是 MTP2 的延伸,没有自己的信令点编码,
适用于 RANAP、ISUP 等接入信令,利用 SIGTRAN
(M2UA/SCTP/IP 协议)进行转发,提高组网的灵活性,
并降低信令的传输成本,不具备 GTT 功能,不能够用于
组建 IP 信令网的骨干层面。

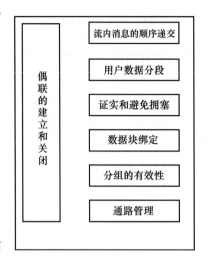

图 4-18　SCTP 功能示意图

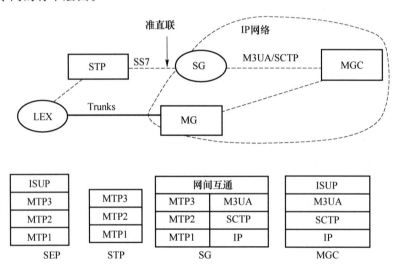

图 4-19　M3UA 应用

　　M3UA 与 M2UA 的比较如下。

　　① 从协议本身来看:两个协议主要差别是处在不同的层次,M2UA 可以认为处于链路
层,M3UA 处于网络层。单从协议本身来看,M2UA 比较简单,互通对接容易,加上在现有
网上久经考验的 MTP3,可以迅速提供。M3UA 比较复杂,重新实现了一遍 MTP3,而且
IETF 对标准的定义没有 ITU 严谨。

　　② 从组网角度来看:M2UA 和 M3UA 都是用来接入原有的 No.7 网络,和原有的
PSTN 网络进行信令的互通,一个是链路层的互通,另一个是网络层的互通。两个协议用在
不同的地方,有不同的用途。

　　M2UA 的特点是分散接入,控制集中。分散接入体现在 MTP2 链路可以分散在各个地
方,甚至全国各地,一般在媒体网关上提供。控制集中体现在一个 Softswitch 上的 MTP3

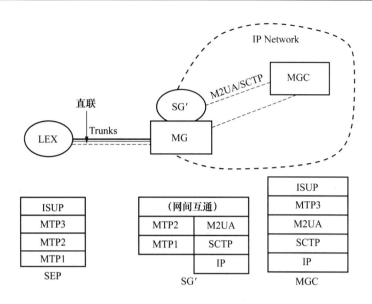

图 4-20　M2UA 应用

可以通过 M2UA 控制各地的 MTP2 链路。

　　M3UA 的特点是集中接入。多个 Softswitch 通过一对 SG 接入原有的 No. 7 网络。由于接入分散,控制集中,在一个 Softswitch 控制分布于不同城市需要与不同城市的窄带关口局对接的情况下,使用 M2UA 可以节约信令点码和 SG 设备。由于集中接入,当网络庞大复杂时,使用 M3UA 或者 MTP3/M2PA 的 SG 就具有了与 STP 类似的优点,在 SG 上可以进行一些数据处理,如 GT 翻译。同时也带来了传统信令网中 STP 带来的好处:信令网络结构清晰,直连链路减少。集中接入的前提是这个 SG 可以访问原有网络中的所有点,原有网络中的所有点都需要通过这个 SG 到达 IP 域中 Softswitch 的数据。

　　③ 从具体的应用业务来看:M2UA 适合于电路相关型业务的宽窄带信令互通,特别是不同运营商间的互通。由于目前网络上都采用关口局的方式进行不同运营上间的互通,没有关口局间的信令网,关口局间的信令都是直连方式。集中接入在这里无法发挥作用。M3UA 适合于非电路相关型业务的宽窄带信令互通,这种业务可以利用 SG 的 GT 翻译等功能,而且这种业务一般是多个 Softswitch 集中访问 SCP 和 HLR 等,集中接入的优势也发挥出来了。

　　④ 从设备提供角度来看:使用 M3UA,Softswitch 就不需要 MTP3,有利于没有 No. 7 信令积累的新兴制造商;SG 需要 MTP3,这时 SG 是完成网络层转换,相对复杂,可以由具有 No. 7 技术积累的厂商提供。如果使用 M2UA,Softswitch 需要 MTP3,需要 No. 7 信令积累;而 SG 就相对简单,只完成链路层的转换。

　　⑤ 从设备的可扩展性看:无论是 M3UA 协议还是 M2UA 协议,都不会对设备的扩展性有太大的影响。设备的可扩展性,取决于设备的系统设计,同使用的协议没有关系。对于电路相关型业务,1 条 64 kbit/s 的信令链路,如果以 0. 4 Erl 算,可以支持 2 493 条中继电路,因此电路型业务需要的链路数比较少,支持 M2UA 对 MG 的处理要求很小,第二可扩展性并不会受协议的影响,链路层协议的可扩展性比网络层更容易实现。

2. 媒体控制协议

软交换设备是分离网关体系中的媒体控制部分,通过 H.248/MGCP 控制各类 MG(AG、TG、RG、MRS 等)。媒体控制协议是软交换设备与各类媒体网关间的通信协议,属于主从协议,是不对等协议,主要包括 H.248/MGCP、SIP 等协议。

(1) H.248/MGCP 协议

MGCP 是由 IETF 的 MEGACO 工作组较早定义的媒体网关控制协议,它是在综合简单网关控制协议(SGCP)和 IP 设备控制(IPDC)协议两个协议的基础上形成的,应用在软交换设备与媒体网关之间。

MGCP 采用了网关分离的思路,将以前的信令和媒体集中处理的网关分解为两部分:媒体网关(MG)和呼叫代理(CA)。CA 处理信令,MG 处理媒体。CA 控制 MG 的动作,由 CA 向 MG 发出要执行的命令,MG 将所搜集的消息上报给 CA。

H.248 协议,也称 MeGaCo 协议,是 MGC(主要是软交换设备)与 MG 之间的一种媒体网关控制协议,这个协议是一项 ITU-T 与 IETF 合作结果的新标准。H.248/MeGaCo 是 MGCP 的后继协议和最终替代者,但协议概念完全不同,随 NGN 的不断发展,MGC 与 MG 之间的媒体控制协议将逐步统一到 H.248。MG CP 与 H.248 协议如图 4-21 所示。

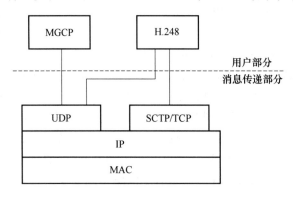

图 4-21　MGCP 与 H.248 协议

与 MGCP 协议相比,H.248 协议可以支持更多类型的接入技术并支持终端的移动性。除此之外,H.248 协议最显著之处在于能够支持更大规模的网络应用,而且更便于对协议进行扩充,因而灵活性更强。

H.248 协议弥补了 MGCP 协议描述能力上的欠缺,适合在大型网关上应用;H.248 信令消息有 UDP/TCP/SCTP/ATM 等多种承载方式,传输更可靠,而 MGCP 则只能承载在宽带 IP 网络上的 UDP 格式。

H.248 协议在中继网关 TG 同 SS 通信中完成承载控制功能,其上的呼叫控制协议是 ISUP 协议;而在接入网关 AG 同 SS 通信中除主要完成承载控制功能外还具有呼叫控制功能(如摘机/挂机的识别等)。H.248 协议传输可以基于 IP(见图 4-22 中(a)),也可基于 ATM(见图 4-22 中(b))。目前的组网结构一般采用基于 IP 的传输方式。

H.248 采用业务与控制分离、控制与承载分离的思想,定义了两个抽象的概念:终端(termination)和关联(context)。一个关联中至少要包含一个终端,否则此关联将被删除,空关联指的是只包含一个与其他终端没有连接的终端的关联;一个终端在任一时刻也只能

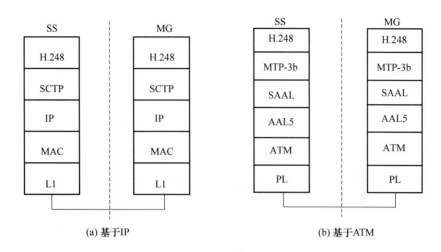

图 4-22　H.248 协议栈

属于一个关联。

关联描述一组终端之间的关联关系,当一个关联涉及多个终端时,关联将描述这些终端所组成的拓扑结构以及媒体混合交换的参数。关联中的终端可以通过 Add 命令进行创建,通过 Subtract 命令进行删除。一个关联中必须至少包含一个终端。

H.248 协议相关术语包括以下几个方面。

① 终端:终端是 MG 中的一个逻辑实体,可以发送/接收媒体和(或)控制流。例如,表示一个时隙(电路识别码电路(CIC))、一个 IP 端口(IP 地址+端口号)、或一个 ATM 端口(VPI/VCI)。

② 终端类型:分为半永久性终端和临时性终端两类。半永久性终端可以代表物理实体,如一个 TDM 信道,此时,只要 MG 存在这个信道,这个终端就存在。临时性终端可以代表临时性的信息流,如 RTP 流,此时,只有当 MG 使用这些信息流时,这个终端才存在。临时性终端可由 Add 命令来创建、Subtract 命令来删除。而半永久终端则与之不同,当使用 Add 命令向一个关联添加物理终端时,这个物理终端来自空关联,当使用 Subtract 命令从一个关联中删除物理终端时,这个物理终端将转移到空关联中。

③ 终端功能:终端可支持信号,这些信号可以是 MG 产生的媒体流(如信号音和录音通知),也可以是线路信号。通过编程可以设置终端对事件进行检测,一旦检测到这些事件发生,MG 就向 MGC 发送 Notify 消息进行报告或由 MG 采取相应的操作。终端可以对数据进行统计,当 MGC 发出 AuditValue 命令进行统计请求时,或者当终端从它所在的关联被删除时,终端就将这些统计数据报告给 MGC。

④ 终端 ID:终端有唯一的标志 Termination ID,它由 MG 在创建终端时分配。

⑤ 描述符:是协议中的一种语法元素,用来描述一组相互联系的特性。例如,通过在一个命令中包含适当的描述符控制器能够设置 MG 中的媒体流特性。

⑥ 终端特性:终端可用特性进行描述,每个特性由一个 PropertyID 标识,由这些特性可以组成一系列描述符。

⑦ 根终端:根终端(Root)是特殊的终端,代表整个 MG。当 root 作为命令的输入参数时,命令可以作用于整个网关,而不是一个终端。

⑧ 关联(Context):为一组终端之间的联系。如果一个关联中超过两个终端,那么关联就对终端之间的拓扑结构和媒体混合和(或)交换参数进行描述。

图 4-23 是 H.248 协议的消息机制。

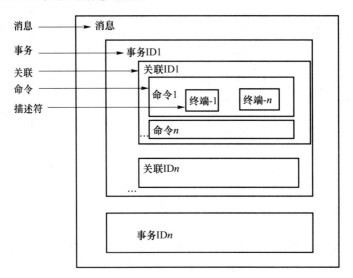

图 4-23　H.248 协议的消息机制

H.248 协议的消息机制中,SS 和 MG 之间的一组命令构成事务,事务由事务 ID 进行标识。事务包含一个或多个动作,一个动作由一系列局限于一个关联的命令组成。

命令(Command)是 H.248 消息的主要内容,实现对关联和终端属性的控制,包括指定终端报告检测到的事件,通知终端使用什么信号和动作,以及指定关联的拓扑结构等。H.248 协议定义了 8 个命令,其中"Notify"是由 MG 发给 MGC,"ServiceChange"可由 MG 或 MGC 发送,其他命令都是由 MGC 发给 MG。

H.248 常用命令如下。

① ADD:增加一个事务到一个关联中。

② MODIFY:修改一个事务的属性、事件和信号参数。例如,修改终端的编码类型、通知终端检测摘机/挂机事件、修改终端的拓扑结构(双向/单向/隔离等)。

③ SUBSTRACT:从一个关联中删除一个事务,同时返回该事务的统计状态。如果 Context 中只有此事务,则删除此关联。

④ MOVE:将一个事务从一个关联转移到另一个关联中。

⑤ AUDITVALUE:审计命令,返回 Termination 的当前的属性、事件、状态。

⑥ AUDITCAPABILITIES:返回 MG 中事务特性的能力集。

⑦ NOTIFY:允许 MG 将检测到的事件通知给 SS。例如,MG 将检测到的摘机事件上报给 SS;

⑧ SERVICECHANGE:允许 MG 向 MGC 通知一个或者多个终端将要脱离或者加入业务。用来 MG 向 SS 进行注册、重启通知。SS 可以使用 ServieceChange 对 MG 进行重启。SS 可以使用 ServiceChange 通知 MG 注销一个或一部分事务。

H.248 呼叫建立流程如图 4-24 所示。

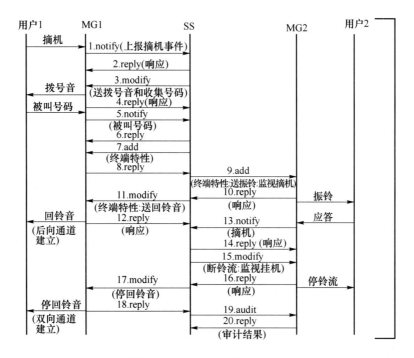

图 4-24　H.248 呼叫建立流程

H.248 呼叫释放流程如图 4-25 所示。

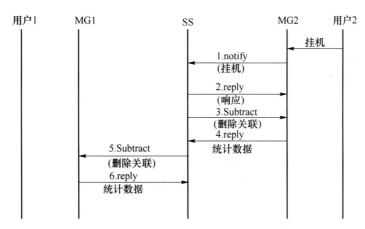

图 4-25　H.248 呼叫释放流程

（2）SIP 协议

在软交换网络中，SIP 协议大多用于 SIP 终端和 SS 直接的控制连接。

SIP 是由 IETF 提出并主持研究的一个在 IP 网络上进行多媒体通信的应用层信令控制协议，类似于 HTTP 的基于文本的协议，它被用来创建、修改和终结一个或多个参加者参加的会话进程。这些会话包括 Internet 多媒体会议、Internet 电话、远程教育以及远程医疗等。即所有的因特网上交互式两方或多方多媒体通信活动，统称为多媒体会话。参加会话的成员可以通过组播方式、单播联网方式或者两者结合的方式进行通信。

SIP 是一个分层结构的协议，由上至下可以分为 4 层，包括事务用户层（TU Layer）、事务层(Transaction Layer)、传输层(Transport Layer)和语法编码层(Syntax and Encoding Layer)。

应用层	事务用户层
	事务层
	传输层
SIP	语法编码层
IP层	
数据链路层	

图 4-26　SIP 分层结构

① 事务用户层:该层完成不同实体的处理动作,如处理请求或应答,产生请求或应答等。它使用下层事务层完成接收和发送消息的功能。当 TU 想要发送请求时,它创建一个客户事务实例,把请求连同目的 IP 地址,端口号和传输参数一起传给该客户实例。当收到请求时,TU 也会创建相应的服务器事务处理请求。

② 事务层:该层主要接受事务用户层请求或应答,向下交给传输层传送,并完成消息的重传、应答与请求之间的匹配、应用层的超时处理等功能。用户代理(UA)和有状态的 Proxy 都包含事务层,无状态的 Proxy 不包含事务层。

③ 传输层:该层定义了客户如何发送请求和接收应答,服务器如何接收请求和发送应答。该层从事务层接受消息,或者把网络中收到的消息传送给对应的事务。所有的 SIP 元素都包含传输层。

④ 语法编码层:定义 SIP 协议的语法和编码表示。SIP 编码使用 BNF 范式描述。

SIP 协议主要实体包括 UA、注册服务器(Registrar Server)、代理服务器(Proxy Server)和重定向服务器(Redirect Server)。

- 用户代理是一个用于和用户交互的 SIP 实体。
- 注册服务器是完成接收与处理用户注册消息的服务器。
- 代理服务器是完成 SIP 请求的路由转发、状态控制和事务处理的服务器,分为:有状态代理服务器、无状态代理服务器。
- 重定向服务器是帮助定位 SIP 用户代理的服务器。

SIP 消息有请求(Request)消息和响应(Response)消息。请求消息由 SIP 客户机发出,响应消息由 SIP 服务器发出。所有的消息都是简单的基于文本的消息。

SIP 请求消息如下。

① ACK:SIP 客户机确认收到了一个响应终结消息。

② INVITE:邀请一个用户加入到某个会话。

③ CANCEL:取消一个没有被完成的请求。

④ BYE:退出呼叫。

⑤ REGISTER:地址注册。

⑥ OPTIONS:信息查询。

SIP 响应消息如下。

① 1xx:请求已收到,继续处理请求。

② 2xx:请求已经成功地收到,理解和接受。

③ 3xx:重定向。

④ 4xx:请求错误,客户机需要修改重发。

⑤ 5xx:服务器出错。

⑥ 6xx:任何服务器都不能执行请求。

用 SIP 来建立通信通常需要如下 6 个步骤。

① 登记。发起和定位用户。

② 进行媒体协商。通常采用 SDP 方式来携带媒体参数。

③ 由被叫方来决定是否接纳该呼叫。

④ 呼叫媒体流建立并交互。

⑤ 呼叫更改或处理。

⑥ 呼叫终止。

SIP 用户登记流程如图 4-27 所示。

每当用户打开 SIP 终端时（如 PC,IP PHONE），将向代理服务器/登记服务器发起登记过程。登记过程需要周期刷新，登记服务器将把 SIP 终端所登记的信息传送到位置服务器存放。

简单的 SIP 呼叫建立和拆除信令流程如图 4-28 所示。

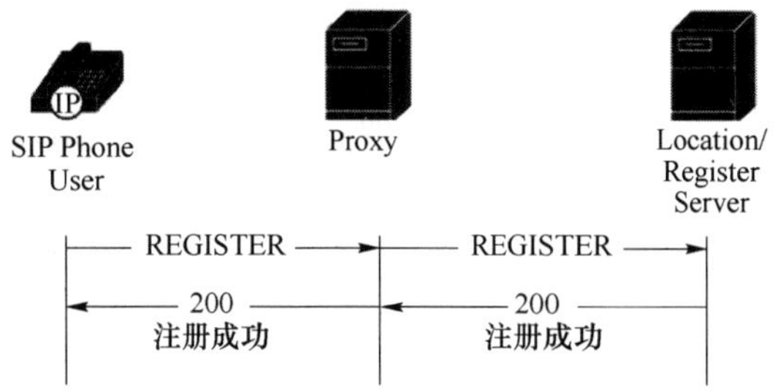

图 4-27 SIP 登记流程

3. 呼叫控制协议

呼叫控制协议是用于控制呼叫过程建立、接续、中止的协议。呼叫控制协议主要用于 SS 和 SS 之间,是一种对等协议,属于局间信令。呼叫控制协议主要包括 BICC 和 SIP 等。

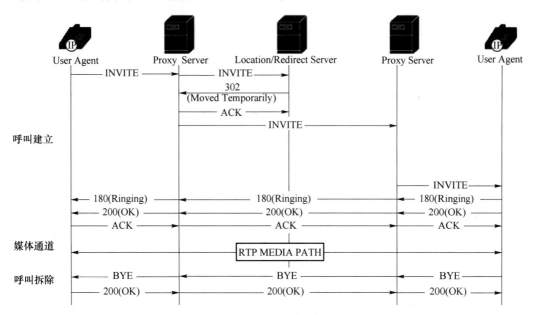

图 4-28 SIP 呼叫建立和拆除信令流程

（1）BICC 协议

BICC 协议使各种分组网络都可以提供 PSTN/ISDN 的全套业务,包括所有补充业务。承载无关指的是 BICC 突破 PSTN 网络承载能力的限制,具有与信令传送独立的能力,使其呼叫控制不受承载类型限制。呼叫控制方式继承了 PSTN 网络中的 ISUP 协议的控制方式,在运营级的质量要求方面具有更强的伸缩性。

BICC 承载分离示意图如图 4-29 所示。

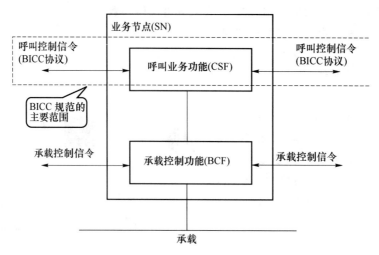

图 4-29　BICC 承载分离示意图

BICC 协议解决了呼叫控制和承载控制分离的问题,使呼叫控制信令可在各种网络上承载,包括 SS7 MTP 网络等。BICC 协议由 ISUP 演变而来,是传统电信网络向综合多业务网络演进的重要支撑工具。

理论上,BICC 协议可部署在各种各样的信号传输协议栈之上,提供与具体业务承载无关的呼叫控制。目前比较成熟的可承载 BICC 协议的传输协议是:MTP3/M3UA/MTP3B 和 SCTP 等。

BICC 的承载建立方式主要分前向建立和后向建立两种,根据由前向局先发送隧道消息还是由后向局先发送隧道消息又分为快速和延迟两种。组合后如下。

• 前向承载建立方式(Forward Bearer Setup)又分为快速隧道方式(Fast Tunnel)和延迟隧道方式(Delayed Forward Tunnel)。

• 后向承载建立方式(Backward Bearer Setup)即延迟隧道方式(Delayed Backward Tunnel)。

① 快速隧道承载建立方式

SS 在发送 IAM 消息前就已经从 MG 得到了隧道,然后在发送给后续局的 IAM 消息中携带了从 MG 得到的 IPBCP 请求,放入隧道中,对于承载建立前的 SS 与 SS 间接口交互只有 IAM(初始地址消息)和 APM(应用程序消息)两条消息。前向快速隧道承载建立如图 4-30 所示。

② 延迟隧道承载建立方式

在 IAM 和第一条返回的 APM 消息中都不携带隧道信息,而是等第一条 APM 返回后,才进行承载建立的发起。承载建立前的交互有 4 条消息(承载协商本身只有 2 条消息)。这样才能够实现端到端的 Codec 协商,有条件实现真正的 TrFO。延迟隧道承载建立方式如图 4-31 所示。

(2) SIP-T 协议

SIP-T 是软交换网络 SS 和 SS 间的通信协议。

SIP-T 是 SIP 协议的扩展,用于在软交换机之间透传 ISUP 的负载消息。建立了 SIP

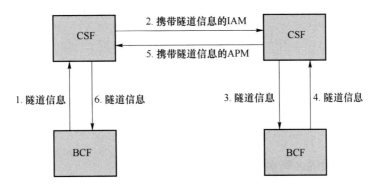

图 4-30 快速隧道承载建立

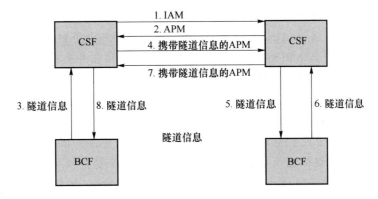

图 4-31 延迟隧道承载建立

与 ISUP 互通时的 3 种互通模型,即:呼叫由 PSTN 用户发起经 SIP 网络由 PSTN 用户终结;呼叫由 SIP 用户发起由 PSTN 用户终结;呼叫由 PSTN 用户发起由 SIP 用户终结。SIP-T 为 SIP 与 ISUP 的互通提出了两种方法,即封装和映射。但 SIP-T 只关注于基本呼叫的互通,对补充业务则基本上没有涉及。

SIP 电话网络的一个重要特点:①原有的 PSTN 的功能可以得到透明的实现;②SIP 请求的正确寻址,通过 SIP 消息头里面的信息,SIP 代理服务器能够为一个发起呼叫的 SIP 请求找到目的地。

SIP-T 提供了一个将电话信令整合进 SIP 消息的框架,用"封装"和转换实现了上面提到的 SIP 网络的两个特点。在 SIP-ISUP 网关,SS7 ISUP 消息被封装进 SIP 消息里,确保与业务有关的信息被完整地复制进 SIP 请求。另外,某些 SIP 请求的路由取决于 ISUP 信息,而负责决定路由的实体,如 SIP 代理,并不理解 SIP 消息体内包含的 ISUP 消息的含义,因此 ISUP 消息中的一些紧急信息会被转化进 SIP 消息头,以便得到正确处理。

4.2 IMS 技术

IP 多媒体子系统(IP Multimedia Subsystem,IMS)是一种全新的多媒体业务形式,它能够满足现在的终端客户更新颖、更多样化多媒体业务的需求。目前,IMS 被认为是下一代网络的核心技术,也是解决移动与固网融合,引入语音、数据、视频三重融合等差异化业务的重要方式。

4.2.1 IMS 概述

如果从采用的基础技术上看,IMS 和软交换有很大的相似性:都是基于 IP 分组网;都实现了控制与承载的分离;大部分的协议都是相似或者完全相同的;许多网关设备和终端设备甚至是可以通用的。

IMS 和软交换最大的区别在于以下几个方面。

(1)在软交换控制与承载分离的基础上,IMS 更进一步地实现了呼叫控制层和业务控制层的分离。

(2)IMS 起源于移动通信网络的应用,因此充分考虑了对移动性的支持,并增加了外置数据库——归属用户服务器(HSS),用于用户鉴权和保护用户业务触发规则。

(3)IMS 全部采用会话初始协议(SIP)作为呼叫控制和业务控制的信令,而在软交换中,SIP 只是可用于呼叫控制的多种协议的一种,更多地使用媒体网关控制协议(MGCP)和 H.248 协议。

总体来讲,IMS 和软交换的区别主要在网络构架上。软交换网络体系基于主从控制的特点,使得其与具体的接入手段关系密切,而 IMS 体系由于终端与核心侧采用基于 IP 承载的 SIP,IP 技术与承载媒体无关的特性使得 IMS 体系可以支持各类接入方式,从而使得 IMS 的应用范围从最初始的移动网逐步扩大到固定领域。此外,由于 IMS 体系架构可以支持移动性管理并且具有一定的 QoS 保障机制,因此 IMS 技术相比于软交换的优势还体现在宽带用户的漫游管理和 QoS 保障方面。

4.2.2 IMS 网络架构

IMS 是在 PS 域上引入的子系统,如图 4-32 所示。IMS 域主要实体包括会话控制功能实体(Call Session Control Function,CSCF)、归属用户服务器(Home Subscriber Server,HSS)、应用服务器(Application Server,AS)、媒体网关控制功能实体(Media Gateway Control Function,MGCF)、媒体网关(Media Gateway,MGW)等网元。

如图 4-33 所示,IMS 网络主要实体按功能分为会话控制功能、用户数据管理、媒体资源管理功能、业务控制功能、后台支撑功能和网间互通功能六大功能。

(1)会话控制功能

会话控制功能按其位置和功能又可分为代理会话控制(Proxy CSCF,P-CSCF)、服务会话控制(Serving CSCF,S-CSCF)和查询会话控制(Interrogating CSCF,I-CSCF)3 部分。

P-CSCF 是 IMS 终端接入 IMS 的接入点,提供 Gm 接口上的 SIP 压缩和完整性保护,将终端的请求路由到正确的 I-CSCF 或者 S-CSCF。P-CSCF 提供代理功能,即接受业务请求并转发;P-CSCF 也可提供用户代理功能,即在异常情况下中断和独立产生 SIP 会话。

I-CSCF 为 IMS 终端选择 S-CSCF,类似 IMS 的关口节点,提供本域用户服务节点分配、路由查询以及 IMS 域间拓扑隐藏功能。

S-CSCF 实现 IMS 用户的注册认证。S-CSCF 在呼出时将呼叫路由至被叫所在 IMS

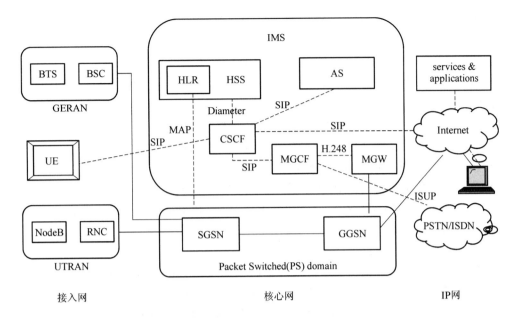

图 4-32 基于 PS 域的 IMS 域

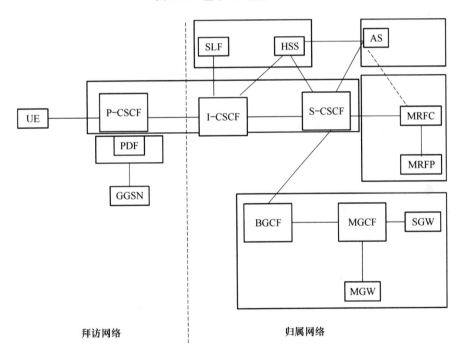

图 4-33 IMS 域功能划分

域,在呼入时路由至被叫所在 P-CSCF。

S-CSCF 在 IMS 核心网中处于核心的控制地位,负责对 UE 的注册鉴权和会话控制,执行针对主叫端及被叫端 IMS 用户的基本会话路由功能,并根据用户签约的 IMS 触发规则,在条件满足时进行到 AS 的增值业务路由触发及业务控制交互。

P/S/I-CSCF 在物理实体上完全可以是合一的,在实际组网时,其划分和部署需综合考虑对 IMS 业务接入方式、CSCF 的容量和能力、用户业务量需求等因素。

（2）用户数据管理功能

用户数据管理功能包括 HSS 和 SLF(Subscription Locator Function)。

① HSS 是归属网络中保存 IMS 用户的签约信息,包括基本标识、路由信息以及业务签约信息等集中综合数据库,位于 IMS 核心网络架构的最顶层,HSS 中保存的主要信息如下。

- IMS 用户标识(包括公共及私有标识)、号码和地址信息；
- IMS 用户安全上下文,即用户网络接入认证的密钥信息；
- IMS 用户的路由信息,即 HSS 支持用户的注册,并且存储用户的位置信息；
- IMS 用户的业务签约信息,即包括其他 AS 的增值业务数据。

② SLF:在运营商内设置多个 HSS 的情况下,I-CSCF 在登记注册及事务建立过程中通过 SLF 获得用户签约数据所在的 HSS 域名,可与 HSS 合设。

（3）媒体资源管理功能

媒体资源管理功能主要包括媒体资源控制功能(Multimedia Resource Function Controller,MRFC)和媒体资源提供功能(Multimedia Resource Function Processor,MRFP)两部分,主要完成铃音与录音通知的播放、会议的媒体流处理、编解码转换、DTMF 信号处理等功能。

MRFC 功能主要包括支持与承载有关的业务、支持与 S-CSCF 通过 SIP 互通并且通过 MEGACO 控制 MRFP、向 CCF 发送计费信息等。MRFC 通过 H.248 控制 MRFP 上的媒体资源,解析来自其他 S-CSCF 及 AS 的 SIP 资源控制命令,转换为对 MRFP 的对应控制命令并产生相应计费信息。

MRFP 作为网络公共资源,在 MRFC 控制下提供资源服务,包括媒体流混合(多方会议)、多媒体信息播放(放音、流媒体)、媒体内容解析处理(码变换、语音识别等)。

（4）业务控制功能

业务控制功能主要包括应用服务器(AS)。

AS 主要完成提供 IMS 的业务、接收与处理来自 IMS 的 SIP 请求、发送 SIP 请求、向 CCF 与 OSC 发送计费信息等功能。

AS 为 IMS 用户提供增值业务,可以位于用户归属网,也可以由第三方提供。AS 包括 SIP AS、OSA AS 和 IM-SSF 三类。其中,OSA AS 通过 OSA Service Capability Servers 而不是直接与 IMS 网元交互,IM-SSF 则提供 IMS SIP 到 CS CAP 的映射及 SSP 触发能力,使 IMS 域 VoIP 业务用户能无缝继承 CS 智能业务。

（5）后台支撑功能

后台支撑功能主要包括策略决定功能(Policy Decision Function,PDF)。

PDF 主要功能如下:

① 由 P-CSCF 依据任务与媒体信息进行策略控制；

② 存储业务与媒体相关信息,如 IP 地址、端口号、带宽等；

③ 当收到 GGSN 请求后按照存储的任务/媒体信息做出 QoS 决策；

④ 在任何时刻撤回授权；

⑤ 控制对承载的使用；

⑥ 当承载发生变化时通知 P-CSCF；

⑦ 在 GGSN 与 P-CSCF 之间交换计费信息。

（6）网间互通功能

网间互通功能主要包括 BGCF（Breakout Gateway Control Function，边界网关控制功能）、MGCF 和 MGW 等。

BGCF 用于选择合适的 MGCF 进行互通，通过 ENUM DNS 按照被叫的 E.164 号码选择合适的 MGCF。

MGCF 用于执行 IMS 与 CS 域的互通，执行不同域之间的协议转换（BICC，ISUP 与 SIP）。

4.3　EPC 技术

2004 年 12 月，3GPP 在希腊雅典会议上启动了面向全 IP 的分组域核心网的演进项目（SAE），其核心网也被称为演进的分组核心网（EPC）。

LTE 和 SAE 均为项目名称，LTE 研究的是无线接入网络的长期演进，新的无线接入系统成为演进的 UTRAN（E-UTRAN）。SAE 研究的是 3GPP 核心网络的长期演进，即 EPC。但在实际使用时没有严格的区分。

3GPP R8 版本后将 SAE 改名为演进的分组域系统（Evolved Packet System，EPS）。

总之，EPC、LTE、SAE、EPS、E-UTRAN 的关系如图 4-34 所示。

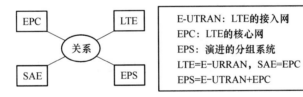

图 4-34　EPC 与其他技术间关系图

4.3.1　EPC 网络架构

如图 4-35 所示，EPC 系统采用控制与承载分离的架构，由移动性管理设备（MME）、服务网关（S-GW）、PDN 网关（P-GW）、服务 GPRS 支持节点（SGSN）、归属签约用户服务器（HSS）以及策略和计费控制单元（PCRF）等组成。其中，S-GW 和 P-GW 可以合设，也可以分设。

EPC 主要网元功能如下。

（1）MME 主要功能

MME 是 EPC 网络的核心网元，主要功能如下：

① 处理 NAS 消息，UE 移动性管理实体；

② 对 UE 进行鉴权和 NAS 消息完整性保护；

③ 支持为 UE 建立一个或多个 PDN 连接；

④ 支持 UE/网络发起的服务请求；

⑤ 支持 UE 在 LTE 系统内漫游；

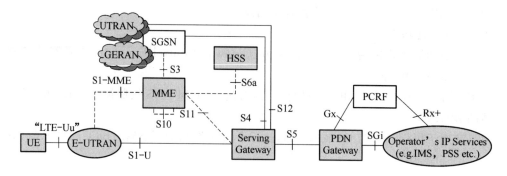

图 4-35　EPC 系统组成图

⑥ 控制 UE 在 2G/3G 网络和 LTE 网络间进行重选、切换；

⑦ 维护处于 EMM-REGISTERED 状态的 UE 的跟踪区列表；

⑧ 为 UE 选择 PGW、SGW 和 UE 选择目标 MME(S1 切换中)；

⑨ 当 UE 切换到 2G/3G 网络时，为 UE 选择 SGSN；

⑩ 管理 EPS 承载、专用承载和默认承载。

（2）S-GW 主要功能

① 服务网关是连接 E-UTRAN 的分组数据接口的终点；

② 当 UE 在 eNodeB 间切换时，作为其锚点；

③ 支持为 UE 建立一个或多个 PDN 连接；

④ 支持 UE/网络发起的服务请求；

⑤ 管理 EPS 承载，包括专用承载和默认承载；

⑥ 为 ECM-IDLE 状态的 UE 缓存下行分组，并发起服务请求过程；

⑦ 基于承载的计费。

（3）P-GW 主要功能

① PDN 网关是连接分组数据网络的分组数据接口的终点，也是连接外部分组数据网络的锚点；

② UE IP 地址分配；

③ 管理 EPS 承载，包括专用承载和默认承载；

④ 上/下行 SDF 进行计费、数据流检测、门控、速率控制；

⑤ 基于 APN-AMBR 对下行非 GBR 数据进行速率控制；

⑥ 绑定 SDF 与承载；

⑦ 上下行传输层的分组标记；

⑧ PCRF 选择功能；

⑨ PS 域安全功能，如用户黑名单、防 DoS 攻击等；

⑩ 策略增强功能(按照运营商定义的规则来进行资源分配)以及分组过滤(DPI)和增强计费功能(例如，每个 URL 计费)。

（4）PCRF 主要功能

① 激活、去激活、修改 PCC 规则；

② 策略控制功能，如门控、事件订阅、QoS 控制等；

③ 配置 PCC 计费规则,如基于流量的计费规则、基于时间的计费规则、基于流量和时间综合方式的计费规则、基于事件的计费规则、无计费规则。

(5) HSS 主要功能

HSS 是用于存储用户签约信息的数据库。该设备的主要功能包括存储用户签约信息、用户鉴权信息、位置信息管理等。

用户数据包括如下几类。

• 用户信息。主要是 IMSI、MSISDN、IMEI/IMEISV、purged 状态标识、2G/3G/LTE 用户接入控制标识(Access Restriction Data)、UE-AMBR 等。

• 位置相关信息。主要包括 MME 标识、RSZI(Regional Subscription Zone Identity)列表等。

• 用户计费相关信息。

• 鉴权信息。主要包括 K 以及用户鉴权算法标识。

4.3.2 EPC 网元设置原则

TD-LTE 网络建设初期,EPC 核心网网元宜采用新建方式,新建网元需具备 2G/3G 接入功能,但初期只接入 LTE 无线网,将来待条件成熟时,再连接 2G/3G 无线网;TD-LTE 规模建设阶段,核心网元宜采用与现有 2G/3G 核心网分组域网元融合设置的方式,升级现有分组域网元支持 LTE 无线接入及相关功能。

(1) MME 的设置原则

MME 宜以省为单位集中设置,宜设置在省内集中化区域中心所在城市。

LTE 网络建设初期,MME 宜采用新建方式,新建设备需支持 SGSN 功能,初期只负责 LTE 无线网的接入。

LTE 网络规模建设阶段,MME 宜采用与 2G/3G 分组域 SGSN 融合设置方式,实现 LTE/2G/3G 无线网络融合接入。具体方式有两种:一是升级改造省内负荷相对不高且与 MME 同平台的大容量 SGSN 设备;二是新建 MME/SGSN。优选方式一;当现有 SGSN 不具备条件时,可选择方式二。

新建 MME 应选用大容量、高处理能力的设备,其容量应能满足本地用户和漫游用户业务需求,并为将来的发展留有余地。

当容量需求较小时,可设置 1 台 MME;当容量需求较大时,应设置多台 MME,并组建 MME POOL 以实现负载均衡,保障网络安全。

(2) S-GW、P-GW 的设置原则

S-GW 宜与 P-GW 综合设置为 SAE-GW。为支持 LTE 用户漫游至 2G/3G 网络使用业务,SAE-GW 必须具备 2G/3G 分组域 GGSN 功能。

TD-LTE 数据卡终端阶段及采用双待终端和 CS Fallback 方式实现语音业务阶段,综合设置的 SAE-GW 应以省为单位集中设置,设置在省内集中化区域中心所在城市。

LTE 网络建设初期,SAE-GW/GGSN 宜采用新建方式。

LTE 网络规模建设阶段,SAE-GW 的建设有两种:一是升级改造省内负荷相对不高且与 SAE-GW 同平台的大容量 GGSN;二是新建 SAE-GW/GGSN 设备。优选方式一;当现有 GGSN 不具备条件时,可选择方式二。

SAE-GW/GGSN 应选用大容量、高处理能力的设备,其容量应能满足本地用户和漫游用户业务需求,并为将来的发展留有余地。

当容量需求较小时,可设置 1 台 SAE-GW/GGSN;当容量需求较大时,应设置多台 SAE-GW,并考虑备份机制(如组 SAE-GW POOL)以实现负载均衡,保障网络安全。

(3) HSS 的设置原则

为满足 LTE 用户漫游到 2G/3G 网进行位置更新等功能,HSS 需具备 HLR 功能。

LTE 网建设初期,只提供数据业务且 LTE 用户采用独立号段时,HSS/HLR 可采用全国集中设置的方式,宜采用大容量分布式 HSS/HLR 设备。

LTE 规模建设阶段,为支持 2G/3G 用户不换号转为 LTE 用户的需求,HSS 宜采用与现网 2G/3G HLR 融合设置的方式,升级现网 HLR 支持 HSS 功能。

对分布式 HSS 设备,FE、BE 均应考虑容灾备份,并应实现异地备份。

(4) DNS 的设置原则

EPC 核心网宜利用 2G/3G 省网 DNS 实现域名解析及查询功能,现网 DNS 需改造支持 EPC 查询功能。

开放 LTE 业务的省,根据现网 DNS 设备硬件处理能力、使用年限等情况,可采用升级现网 DNS 或新建 DNS 替换现网 DNS 两种方式。

4.4 华为软交换设备及接入网关认知实验

一、实验目的

1. 了解软交换设备结构;
2. 了解软交换设备 SoftCo9500 板卡功能;
3. 了解接入网关 IAD 设备机构及功能。

二、实验环境

1. 华为软交换设备 SoftCo9500;
2. 华为接入网关 USYS-IAD102H。

三、实验内容及步骤

1. 华为 SoftCo9500 机箱

机箱的主要作用是为内部各组件提供一个集中放置且相互连接的空间,同时防止组件污染,保护组件免受外因导致的损毁。

SoftCo9500 采用 6U(1 U=44.45 mm)标准机箱,宽 436 mm、深 420 mm、高 264 mm,其前面板示意图如图 4-36 所示,后面板示意图如图 4-37 所示。

2. 华为 SoftCo9500 插槽说明

插槽位于机箱的背面。

SoftCo9500 提供 2 个主控板插槽和 8 个接口板插槽:

① 槽位 0~1 为主控板槽位,用于安装 SC1-MCU 板或 SC1-SMCU 板。两种单板不可同时安装在一台机箱内。

图 4-36　SoftCo9500 前面板

1—指示灯；2—安装弯角

图 4-37　SoftCo9500 后面板

1—电源开关；2—电源模块；3—风机盒；4—机箱插槽

② 槽位 2～9 为接口板槽位，用于安装接口板、SC1-MRU-128 板或 SC1-MRS 板。可以同时使用。

SoftCo9500 槽位分布如图 4-38 所示。

当两个主控板槽位仅安装了一块主控板时，系统运行于单主控模式；当两个主控板槽位满配置时，系统运行于主备主控模式，具有更高的可靠性。

8 (I/F or MRU or MRS)	9 (I/F or MRU or MRS)
6 (I/F or MRU or MRS)	7 (I/F or MRU or MRS)
4 (I/F or MRU or MRS)	5 (I/F or MRU or MRS)
2 (I/F or MRU or MRS)	3 (I/F or MRU or MRS)
1 (MCU)	
0 (MCU)	

图 4-38　SoftCo9500 槽位分布

一般情况下，SoftCo9500 配置 1 块主控板和 1 块 SC1-MRU-128 板或 SC1-MRS 板即可运行，其他单板可以根据系统容量进行选配。未配置单板的空槽位，需要配置假面板。

3. 华为 SoftCo9500 单板

（1）SC1-MCU

SC1-MCU 是 SoftCo9500 的一款主控板，带 2 个 100Base-TX 业务网口和 2 个调试接口。

SC1-MCU 作为主控板,具有如下主要功能特性。

- 提供 SoftSwitch、GK(GateKeeper)和计费功能,GK 的数据库包括各个分机号和局域网 IP 地址的对应表。
- 对媒体控制协议进行处理,支持 SIP、H.248 协议,并且可以进行协议间的相互转换。
- 提供 L2 交换和 TDM 交换功能。
- 支持热插拔操作。
- 支持 1+1 热备份。当主用板出现故障时,备用板可以自动接替主用板继续工作。

SC1-MCU 单板的面板如图 4-39 所示。

图 4-39　SC1-MCU 面板

1—指示灯;2—告警音消除按钮;3—复位按钮;4—扳手;5—调试串口;
6—调试网口;7—业务网口

SC1-MCU 单板的面板上有 2 个业务网口、1 个调试网口和 1 个调试串口,具体说明如表 4-3 所示。

表 4-3　SC1-MCU 接口说明

接口类型	标识	属性	用途
业务网口	100BASE-TX	FE 网口,RJ-45 插座,传输距离小于 100 m	用于连接设备到 LAN,是设备对外的 IP 业务接口。使用单网口模式时,两个业务网口互为主备使用;使用双网口模式时,网口 0 为维护网口,网口 1 为业务网口,连接到不同的 LAN,使业务数据和维护数据分离
调试网口	Ethernet	FE 网口,RJ-45 插座,传输距离小于 100 m	用于设备配置和调试
调试串口	COM	RS-232 标准串口,RJ-45 插座,传输距离小于 10 m	用于设备配置和调试

(2) SC1-MRS

SC1-MRS 是 SoftCo9500 的媒体资源系统板,带 2 个调试接口。

SC1-MRS 提供放号、收号、放音、播放彩铃、录音、会场、ASR、TDM 转 VOIP 功能、T.30 传真功能,支持 G.711、G.729、G.723.1,提供 256 路媒体资源处理通道。

支持负荷分担。正常工作时,各单板分担全部负荷;当某块单板出现故障时,其他单板能够承担全部负荷,确保系统继续正常工作。

内嵌通用 DSP 完成如下功能:

- DTMF(Dual Tone Multi-Frequency)检测/发送;
- FSK 方式的主叫号码检测/发送;

- 信号音检测/发送；
- MFC 信号的检测和发送；
- 录/放音。

SC1-MRS 单板的面板如图 4-40 所示。

（3）SC1-MRU-128

SC1-MRU-128 是 SoftCo9500 的媒体资源板，带 2 个调试接口。

SC1-MRU-128 具有如下主要功能特性：

- 采用 RTP 在窄带语音信号转换为宽带语音信号时对语音流打包，采用 RTCP 协议对语音流进行控制，以保障传输的正确性与完整性。

- 内嵌编解码 DSP，完成 G.711，G.723.1，G.729 语音编解码和 T.30，T.38 传真功能，提供 128 路媒体资源处理通道。

- 内嵌通用 DSP，配合编解码 DSP 完成：DTMF（Dual Tone Multi-Frequency）检测/发送、Caller ID 检测/发送、信号音检测/发送、R2 信令检测/发送、录/放音。

- 支持负荷分担。正常工作时，各单板分担全部负荷；当某块单板出现故障时，其他单板能够承担全部负荷，确保系统继续正常工作。

SC1-MRU-128 单板的面板如图 4-41 所示。

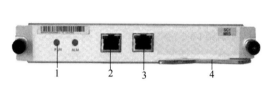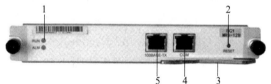

图 4-40　SC1-MRS 面板

1—指示灯；2—调试串口；3—调试网口；4—扳手

图 4-41　SC1-MRU-128 面板

1—指示灯；2—复位按钮；3—扳手；

4—调试串口；5—调试网口

（4）SC1-DTU-4

SC1-DTU-4 是数字中继接口板，带 4 个 E1 接口和 1 个调试接口。

SC1-DTU-4 主要功能如下。

- SC1-DTU-4 提供数字中继的接入，用于实现与上级局的数字中继连接。

- E1 接口的速率为 2.048 Mbit/s，接口特性满足 ITU-T 建议 G.703/G.704 中的规定，支持 SS7、PRA、R2、QSIG 等信令方式。

SC1-DTU-4 单板的面板如图 4-42 所示。

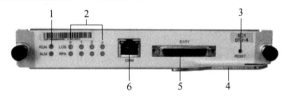

图 4-42　SC1-DTU-4 面板

1—工作指示灯；2—信号指示灯；3—复位按钮；4—扳手；

5—数字中继接口；6—调试串口

SC1-DTU-4 单板的面板上有数字中继接口和调试串口,具体说明如表 4-4 所示。

表 4-4 SC1-DTU-4 接口说明

接口类型	标识	属 性	用 途
数字中继接口	E1/T1	DB50 插座,支持与 75 Ω 或 120 Ω 的数字中继电缆连接,提供 4 个 E1,支持 SS7、PRA、R2 和 QSIG 信令	用于实现与上级局(如 LE)的数字中继连接
调试串口	COM	RS-232 标准串口,RJ-45 插座,传输距离小于 10 m	用于本单板的功能调试

（5）SC1-ATU-8

SC1-ATU-8 是模拟中继接口板,带 8 个外部交换局(Foreign Exchange Office,FXO)接口。

SC1-ATU-8 提供模拟中继的接入,最多可以跟上级局(如 LE)的 8 个 POTS 端口对接。SC1-ATU-8 具有如下基本特性。

- 电路保护:提供对过流和过压的保护。
- 铃流检测:检测对端交换机发出的铃流信号。
- 馈电检测:检测对端交换机有无送出馈电。
- 反极检测:检测两线接口有无极性反转。
- 模拟摘机:模拟电话机摘机的功能,用于控制话音通道打开。
- 二四线转换:实现两线到四线的转换。
- CODEC(Code and Decode):对话音信号进行编解码。

SC1-ATU-8 单板的面板如图 4-43 所示。

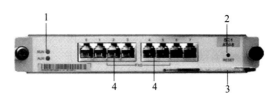

图 4-43 SC1-ATU-8 面板

1—工作指示灯；2—复位按钮；3—扳手；4—模拟中继接口

SC1-ATU-8 单板的面板上有 8 个模拟中继接口,具体说明如表 4-5 所示。

表 4-5 SC1-ATU-8 接口说明

接口类型	标识	属性	用途
模拟中继接口	FXO(0～7)	RJ-11 插座	用于实现与上级局(如 LE)的模拟中继连接

（6）SC1-ASU

SC1-ASU 是模拟用户接口板,提供 40 个外部交换用户(Foreign Exchange Subscriber,FXS)接口。

SC1-ASU 单板用于提供 POTS 电话的接入,每块单板可提供 40 个电话的接入。

SC1-ASU 单板的面板如图 4-44 所示。

SC1-ASU 单板的面板上有 2 个 DB68B 接口,具体说明如表 4-6 所示。

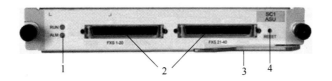

图 4-44　SC1-ASU 面板

1—指示灯；2—FXS 接口；3—扳手；4—复位按钮

表 4-6　SC1-ASU 接口说明

接口类型	标识	数量	属性	用　途
FXS	FXS 1-20 FXS 21-40	40 个	DB68B 连接器	用于连接 POTS 电话。共可以连接 40 个电话

4. 华为接入网关 USYS-IAD 102H

接入网关 IAD 提供 POTS、IP 接口应不同的用户需求，支持 DHCP、PPPoE 和静态 IP 地址分配方式，实现语音数据统一接入。

华为 USYS-IAD 102H 如图 4-45 所示。IAD 102H 有 1 个 WAN 口，为上行网络接口，2 路 POTS 语音接口，1 路 PSTN 逃生接口。值得注意的是，该设备提供两组维护 IP 地址，分别为 192.168.100.1/24 或者 1.1.1.1/24，初始登录名为 root，密码为 adimn。

接模拟电话　　　　　　接数据网

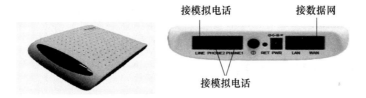

接模拟电话

图 4-45　华为 IAD102H

4.5　SIP 用户配置及局内配置实验

一、实验目的

1. 学习配置 SIP 用户；

2. 学习配置 IP Phone；

3. 学习配置 SIP IAD；

4. 学习配置软终端；

5. 学习配置华为软交换设备、SIP Server 局内通话配置。

二、实验环境

1. 硬件环境：华为软交换设备 SoftCo9500；华为 IAD 102H；IP Phone；模拟电话，数据网设备。

2. 软件环境:Microsoft Windows XP 操作系统平台;SIP 服务器 mini SIP Server V2.10.1;软终端 eyeBeam1.5。

三、实验内容及步骤

实验概述:7 000~7 014 为通过 IAD1-IAD8 注册到 SoftCo9500 的 SIP 用户,7096 为通过 IP Phone 注册到 SoftCo9500 的 SIP 用户,完成配置后可互相拨打电话;在 SIP Server 下配置局内号码 1 000~1 005,并使用软终端 eyeBeam1.5 进行实验验证。其组网图如图 4-46 所示。

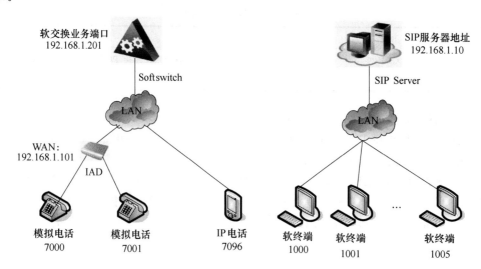

图 4-46 软交换局内通话组网图

1. 在 SoftCo9500 上配置 SIP 用户

① 登录 SoftCo9500

使用命令 telnet 192.168.1.201 登录软交换设备;下列黑体部分需要输入。

[.login.] Login:>**admin**

[.password.] Password:>**huawei**

[%SoftCo9500]> /*普通用户视图,即 View 模式,可以执行 show 命令和 CLI 一般命令(如 clear、help、list、exit 等)*/

[%SoftCo9500]>**enable**

[.password.] Password:>**huawei**

[%SoftCo9500(config)]# /*配置用户视图,即 Config 模式,可以执行 config 命令和设备维护命令(如 reboot、switch board 等)*/

[%SoftCo9500(config)]#**super**

debug

[%SoftCo9500(config)]$ /*超级用户视图,可以操作几乎所有的配置命令*/

前一级用户视图下的任何命令都能在后一级用户视图下执行。超级用户视图下还能够打开和关闭调试开关,以方便抓取呼叫日志,分析呼叫中可能遇到的问题。

② 批量配置 15 个 SIP 用户(见表 4-7)

批量增加 15 个 SIP 用户设备,起始设备标识为 7 000、不鉴权。

config add batch sipue seid 7000 authorizationtype noauth number 15

给设备标识为 7 000～7 014 的 15 个 SIP 设备批量放号,用户号码为 7 000～7 014。

config add subscriber eid 7000 dn 7000 number 15

表 4-7　SIP 用户配置参数

参数	参数说明
seid	起始设备标识。设备标识是 SoftCo 与 SIP 设备的对接参数,需要与 SIP 设备侧的配置一致。用于在 SoftCo 内部唯一标识 SIP 设备
eid	设备标识。SoftCo 与 SIP 设备的对接参数,需要与 SIP 设备侧的配置一致。用于在 SoftCo 内部唯一标识 SIP 设备
authorizationtype	鉴权方式,用于指定 SoftCo 对于 SIP 设备的注册所使用的鉴权方式 参数选项为:noauth(不鉴权)、authbyip(基于 IP 鉴权)、authbyeid(基于密码鉴权)、authbyeidandip(基于密码与 IP 鉴权)
dn	起始用户号码
number	用户数量

③ 增加单个 SIP 用户

config add sipue eid 7096 authorizationtype noauth

config add subscriber eid 7096 dn 7096

④ 配置用户长号(见表 4-8)

为起始号码为 7 000 的连续 8 个用户指定长号,分别为 68 907 000～68 907 007。若无须为用户配置长号,则该命令可不用执行。

config modify subscriber dn 7000 longdn 68907000 number 8

表 4-8　SIP 用户长号配置参数

参数	参数说明
dn	起始用户号码,用于指定起始用户端口的用户号码
longdn	起始用户长号。长号由局外网(如 PSTN 网络)分配。局外用户直接拨打用户的长号即可呼叫该用户
number	新增用户的数量

2. 局内字冠的配置(见表 4-9)

局内、局外用户呼叫局内用户时,SoftCo 根据该字冠分析被叫是否为本局内用户。

增加字冠 7,呼叫类别为"basic"(基本业务呼叫),呼叫属性为"inter"(局内呼叫),被叫号码不发生变换。

config add prefix dn 7 callcategory basic callattribute inter cldpredeal no minlen 4 maxlen 4

表 4-9   局内字冠配置参数

参数	参数说明
dn	字冠。号码分析过程中,系统将按照最大匹配的原则对被叫号码与呼叫字冠进行匹配,以确定本次呼叫的相关属性
callcategory	呼叫类别。basic:基本业务。用于局内呼叫、本地呼叫等基本语音业务
callattribute	呼叫属性。与"basic"对应的呼叫属性为 inter(局内呼叫)、local(本地呼叫)、interlocal(局内或本地呼叫)、ddd(国内长途呼叫)、idd(国际长途呼叫)和 emergency(紧急呼叫)
cldpredeal	是否需要对被叫号码进行号码变换。若设置为"yes",则必须设置号码变换索引"cldindex"
minlen	最小号长。以此呼叫字冠为前缀的被叫号码必须满足的最小号码长度。当被叫号码的长度小于最小号长时,系统将不对其进行分析处理
maxlen	最大号长。以此呼叫字冠为前缀的被叫号码所允许的最大号码长度。当被叫号码的长度大于最大号长时,最大号长位以后的号码位无效,系统只按最大号长对该被叫号码进行分析处理

用户号码配置完成后,需要配置局内字冠,之后局内用户才能互相通话。

3. 在 IP Phone 的 Web 界面中配置话机数据信息

若通过 IP Phone 注册到 SoftCo9500,在 SoftCo9500 上配置了 SIP 用户后,还需要在话机侧进行相关配置。具体步骤如下。

图 4-47   IP Phone 注册信息设置页面

(1) 在 IE 地址栏中输入需要配置的 IP Phone 的 IP 地址(如 http://192.168.1.160),进入 IP Phone 登录页面。

(2) 输入密码(默认为 admin)登录。

(3) 单击"账号"选项卡,在页面中设置"SIP 服务器"和"SIP 用户 ID",如图 4-47 所示。IP Phone 配置参数如表 4-10 所示。

(4) 设置完成后,单击"更新""重启",修改后的数据生效。

表 4-10   IP Phone 配置参数

参数	参数说明
SIP 服务器	SIP 服务器的 IP 地址。这里指的是 SoftCo9500 的 IP 地址
SIP 用户 ID	用户账号信息。这里指的是 SIP 用户对应的 eid 的取值

4. 在 IAD 上配置系统数据和用户数据

若用户通过 IAD 注册到 SoftCo9500,SoftCo9500 上配置了 SIP 用户后,还需要在 IAD 上进行相应设置,使 IAD 与 SoftCo9500 正常连接,并为 IAD 下的各个端口指定用户号码。

(1) 登录 IAD

将 PC 与 IAD 的 LAN 口用网线连接,PC 网卡地址更改为 192.168.100.xxx/24 或者 1.1.1.xxx/24,使用 telnet 192.168.100.1/24 或者 telnet 1.1.1.1/24 登录 IAD。黑体部分需要输入。

User name:**root**

User password:**admin**

TERMINAL＞ /＊普通用户模式＊/

! EVENT WARNING 2005-01-03 03:25:05

ALARM NAME :Change of maintenance user's status

PARAMETERS :User name: root, Log mode: Telnet, IP: 192.168.10.12, State: Log on

TERMINAL＞**enable**

TERMINAL♯ /＊特权模式＊/

TERMINAL♯**configure terminal**

TERMINAL(config)♯ /＊全局配置模式＊/

（2）配置 IAD 上的数据

① 设置 IAD 的 WAN 口 IP 地址、子网掩码以及网关地址

ipaddress static 192.168.1.101 255.255.255.0 192.168.1.100/＊使用静态地址分配,IAD WAN 口地址为 192.168.1.101/24,网关 192.168.1.100＊/

② 设置 SIP 服务器（这里即 SoftCo9500）的 IP 地址

sip Server 0 address 192.168.1.201 domain softco9500/＊0 号 SIP 服务器地址 192.168.1.201 及域名＊/

③ 设置 IAD 的 0~1 号端口对应 7 000~7 001 的用户

sip user 0 id 7000

sip user 1 id 7001

当完成 1~4 的配置后,将 IAD 的 WAN 口接入局域网,将 IAD 的 phone 口接模拟电话,完成操作后可互相拨打电话验证实验。

5. mini SIP Server 服务器系统及局内配置

① 配置 SIP Server 系统基本信息

在 PC 上启动 mini SIP Server 服务器软件,待软件启动后,单击"系统配置"显示如图 4-48 界面。

单击"SIP"选项,然后在"本地地址"中填入 SIP Server 所在的 IP 地址,本例中为 192.168.1.10,在"端口"中填入 SIP 协议所使用的端口号,本实验中为 SIP 协议的默认端口号 5060。

② SIP 服务器分机配置

单击"分机",再单击"增加",显示如图 4-49 界面。

图 4-48 SIP 服务器系统基本信息配置

图 4-49 SIP 服务器分机信息配置

在"分机"中填入需要增加的分机号码,本实验中先添加分机1000,在"口令"中填入本分机的注册密码,本实验中密码设置为123。

③ SIP服务器局内字冠配置

点击"拨号规则",然后点击"被叫分析",再点击"增加",显示如图4-50界面。

在"被叫号码前缀"中填入局内号码的前缀,本实验中为局内号码字冠为1,在"路由类型"选项中选择"本地分机"。

6. 软终端eyeBeam配置

在PC上启动软终端eyeBeam,当软终端启动完毕后,选择"SIP账号设定",然后单击"增加",出现如图4-51所示界面。

图4-50 SIP服务器局内字冠配置　　　　图4-51 SIP软终端账号设置

在"用户名"和"口令"处填写要在SIP Server上注册的本地分机号码及密码,在"域名"中填入注册SIP服务器的IP地址,其他设置使用默认设置。单击"确定"后完成软终端配置。

完成5、6操作后,启动软终端,可拨打局内"1"字冠开头的电话。

4.6　SIP中继对接数据配置实验

一、实验目的

1. 学会配置SoftCo9500的SIP中继数据;
2. 学会配置SIP Server的SIP中继数据;
3. 实现本端SoftCo9500下的用户与对端SIP Server下的用户互拨。

二、实验内容及步骤

1. 硬件环境:华为软交换设备SoftCo9500;华为IAD 102H;IP Phone;模拟电话,数据网设备。

2. 软件环境:Microsoft Windows XP 操作系统平台;SIP 服务器 mini SIP Server V2. 10.1;软终端 eyeBeam1.5。

三、实验内容及步骤

1. 组网配置

当 SoftCo 与对端 IP 交换机采用 SIP 中继对接时,其实验组网如图 4-52 所示。其中 SoftCo9500 的局号为 8 599,SIP Server 的局号为 8 591。

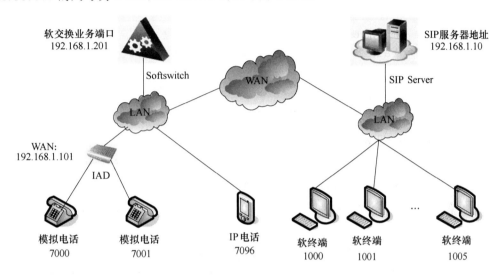

软交换业务端口
192.168.1.201

SIP服务器地址
192.168.1.10

Softswitch

WAN

SIP Server

LAN

LAN

WAN:
192.168.1.101

IAD

模拟电话
7000

模拟电话
7001

IP电话
7096

软终端
1000

软终端
1001

...

软终端
1005

图 4-52　SIP 中继实验组网

2. 前提条件

① 已配置好 SoftCo9500 业务端口的 IP 地址(192.168.1.201)、网关(192.168.1.100)、子网掩码(255.255.255.0)。

② 已完成 SoftCo9500 局内用户和局内字冠的配置,并配置完成 IAD 数据。

③ 已完成对端 SIP 服务器局内用户和局内字冠的配置,并完成软终端的配置。

3. SoftCo9500 数据配置步骤

① 配置局向选择码和局向(见表 4-11)。

② 本例中规划 SoftCo9500 通过 SIP 中继到对局的局向选择码为 2,局向号为 2。

③ config add office selectcode no 2 repeatroute no

④ config add office no 2 officeselectcode 2

表 4-11　局向、局向选择码参数

参　数	参数说明
no	局向号。用于唯一标识一个局向
officeselectcode	局向选择码。用于指定该局向所属的局向选择码。该参数必须先由命令 config add office selectcode 定义
repeatroute	当按照本局向选择码的策略选路失败时,是否按照路由失败处理索引对应的备用局向选择码的策略重新选择。增加第一个局向选择码时通常设置为 no

⑤ 配置号码变换索引(见表 4-12)。

增加索引 1,删除号码第 1～4 位。用于出局呼叫时删除被叫号码第 1～4 位。

config add predeal index 1 changetype delete changepos 0 changelen4

表 4-12　号码变换索引参数

参　数	参数说明
index	号码变换索引。用于唯一标识一个号码变换规则
changepos	若 changetype 设置为 insert,该参数表示插入新号码的位置；若 changetype 设置为 modify,该参数表示待替换号码串的起始位置；若 changetype 设置为 delete,该参数表示待删除号码串的起始位置
changelen	号码发生变换的长度

⑥ 配置出局字冠(见表 4-13)。

增加出局字冠 8591,呼叫类别为“basic”(基本业务呼叫),呼叫属性为“local”(本地呼叫),进行被叫号码变换,号码变换索引为 1,局向选择码为 2。

config add prefix dn8591 callcategory basic callattribute local cldpredeal yes cldindex 1 officeselectcode 2

表 4-13　出局字冠参数

参　数	参数说明
dn	字冠。号码分析过程中,系统将按照最大匹配的原则对被叫号码与呼叫字冠进行匹配,以确定本次呼叫的相关属性
callcategory	呼叫类别。basic:基本业务。用于局内呼叫、本地呼叫等基本语音业务
callattribute	呼叫属性。与“basic”对应的呼叫属性为 inter(局内呼叫)、local(本地呼叫)、interlocal(局内或本地呼叫)、ddd(国内长途呼叫)、idd(国际长途呼叫)和 emergency(紧急呼叫)
cldpredeal	是否需要对被叫号码进行号码变换。若设置为“yes”,则必须设置号码变换索引“cldindex”
cldindex	被叫号码变换索引,由 config add predeal 命令定义

⑦ 配置 SIP 中继。

增加一个域名为 sipserver1、IP 地址为 192.168.1.10 的对局设备,中继电路数为 100。

config add peercomponent domainname sipServer1 ip 192.168.1.10 tkcnum 100

配置 SIP 中继,局向号为 2,对局设备域名为 sipserver1,SIP 协议端口号为 5060,中继所承载的最大呼叫路数为 100。

config protocol sip officeno 2 domainname sipserver1 peerport 5060 maxcallnum 100

若使用 TCP 传输模式,需设置 config protocol sip 命令中参数 transporttype 的取值为 tcp。该参数的默认值为 udp。

表 4-14　SIP 中继参数

参　数	参数说明
domainname	对局设备的域名。该参数不能与本局其他设备重名
ip	对局设备的 IP 地址
tkcnum	中继电路数。需要根据实际组网配置。对于 SoftCo9500,取值范围为 1～1 200
officeno	中继所属局向号
peerport	对局设备的 SIP 协议端口号。需要与对局设备的实际端口号保持一致
maxcallnum	最大限呼数。用于指定该 SIP 中继所允许的最大呼叫数。当该 SIP 中继上的入中继与出中继的呼叫总数超过该限制值时,系统将自动拒绝后续新的呼叫。该参数不能大于 config add peercomponent 命令中设置的 tkcnum 参数值

4. SIP Server 中继数据配置

（1）配置 SIP Server 出局拨号变换规则

单击“拨号规则”,然后单击“变换”,再单击“增加”,显示界面如图 4-53 所示。

在“变换类型”选择类型为“删除”,“起始位置”处填“0”,表示从第一位开始删除,在“长度”处填“4”表示删除前 4 位。

（2）配置 SIP Server 对端局信息

单击“数据”,然后单击“对端服务器”,再单击“增加”,显示界面如图 4-54 所示。

图 4-53　SIP Server 出局拨号变换规则配置

图 4-54　SIP Server 对端局信息配置

在“服务器地址”和“服务器端口”处将对端局 SoftCo9500 的业务端口 IP 地址 192.168.1.201 和 SIP 协议端口号 5060 填入,并填入对端局编号和名称,上述操作完成,可增加一个对端局信息。

（3）配置 SIP Server 的 SIP 中继信息

单击“拨号规则”,然后单击“被叫分析”,再单击“增加”,显示界面如图 4-55 所示。

在“被叫号码前缀”中填入出局字冠“8599”,“路由类型”选项中选择“SIP 中继”,并在“对端服务器编号”选项中选择上步所增加的对局信息,最后选择“被叫号码变换”,选择前面所配置的被叫号码变换编号。

图 4-55　SIP Server 的 SIP 中继信息配置

完成上述配置后,可完成 8591 局和 8599 局之间电话的拨打,从而实现 SIP 中继。

本 章 小 结

1. 从广义来讲,下一代网络泛指一个不同于现有网络,大量采用当前业界公认的新技术,可以提供话音、数据及多媒体业务,能够实现各网络终端用户之间的业务互通及共享的融合网络。从狭义来讲,下一代网络特指以软交换设备为控制核心,能够实现话音、数据及多媒体业务的开放的分层体系架构。

2. 软交换网络从功能上可以分为业务平面、控制平面、传输平面和接入平面。接入平面是提供各种网络和设备接入到核心骨干网的方式和手段;传输平面是提供各种信令和媒体流传输的通道,网络的核心传输网将是 IP 分组网络;控制平面主要提供呼叫控制、连接控制、协议处理等能力,并为业务平面提供访问底层各种网络资源的开放接口;应用平面利用底层的各种网络资源为用户提供丰富多样的网络业务。

3. 业务层网元主要包括业务控制点 SCP、大容量分布式数据库、AAA 服务器、应用服务器和策略服务器。控制层网元主要是软交换设备;传输层网元包括 IP 路由器、ATM 交换机等分组网核心设备;接入层网元是各种网关设备。

4. 接口代表两个相邻网络实体间的连接点,而协议定义了这些连接点(接口)上交换信息需要遵守的规则。软交换是一种开放和多协议实体,它与各种媒体网关、终端和网络等其他实体间采用标准协议进行通信。

5. 按照功能和特点来分,软交换协议可分为呼叫控制协议、传输控制协议、媒体控制协议、业务应用协议和维护管理协议等。

6. 信令传输 SIGTRAN 协议簇是信令网关(SG)和软交换设备(SS)间的控制协议。SIGTRAN 协议簇从功能上可分为通用信令传输协议和 PSTN 信令适配协议两大类。

7. 媒体控制协议是软交换设备与各类媒体网关间的通信协议,属于主从协议,是不对等协议,主要包括 H.248/MGCP、SIP 等协议。

8. 呼叫控制协议是用于控制呼叫过程建立、接续、中止的协议。呼叫控制协议主要用于 SS 和 SS 之间,是一种对等协议,属于局间信令。呼叫控制协议主要包括 BICC 和 SIP 等。

9. 软交换技术的主要思想是将业务与控制分离、控制与承载分离,采用分层体系结构,将网络分为业务层、控制层、承载层与接入层等几个相对独立的层面,各实体之间通过标准的协议进行连接和通信。软交换技术的引入实现了多厂家的网络运营环境并使业务的生成和提供更加灵活。

10. 实践部分包含软交换设备 SoftCo9500 的硬件认知实验、SIP 用户配置及局内配置实验和 SIP 中继对接数据配置实验 3 个实验。

11. IMS 是 IP 多媒体系统,是一种全新的多媒体业务形式,它能够满足现在的终端客户更新颖、更多样化的多媒体业务需求。

12. IMS 是在 PS 域上引入的子系统。IMS 域主要实体包括会话控制功能实体(CSCF)、归属用户服务器(HSS)、应用服务器(AS)、媒体网关控制功能实体(MGCF)、媒体网关(MGW)等网元。

13. LTE 和 SAE 均为项目名称,LTE 研究的是无线接入网络的长期演进,新的无线接入系统成为演进的 UTRAN(E-UTRAN)。SAE 研究的是 3GPP 核心网络的长期演进,称为演进的分组核心网(EPC)。

14. EPC 系统采用控制与承载分离的架构,由移动性管理设备(MME)、服务网关(S-GW)、PDN 网关(P-GW)、服务 GPRS 支持节点(SGSN)、归属签约用户服务器(HSS)以及策略和计费控制单元(PCRF)等组成。

习　　题

一、填空题

1. 软交换网络体系结构包括接入层、_____、_____和业务层四层。

2. 软交换设备位于软交换网络的_____层。

3. _____是软交换系统中跨接在电路交换网和分组网之间的设备,位于网络的接入层,主要功能是实现媒体流的转换。

4. BICC 的中文含义是_____。

5. SIP 的中文含义是_____,是由 IETF 制定的,IETF 指的是_____。

6. H.248 协议传输可以基于 IP,也可基于_____。

7. SIGTRAN 协议簇从功能上可分为通用信令传输协议和_____。

8. BICC 的承载建立方式主要分前向建立和_____建立两种,根据由前向局先发送隧道消息还是由后向局先发送又分为快速和_____两种。

9. IMS 是在_____域上引入的子系统。

10. MME 的中文含义是_____。

11. NGN 通过业务和_____分离,控制和_____分离,实现相对独立的业务体系,使业务独立于网络。

12. 软交换机的核心设计集中在各种业务的_____功能和一定程度上的端点能力的管理。

13. MG 根据网关电路侧接口的不同,分为_____和中继网关两类。

14. SIP 协议主要实体包括用户代理、_____、代理服务器和_____。

15. 接入层网元是各种网关设备,包括信令网关(SG)和_____。

16. 综合接入设备 IAD 是软交换体系中的用户接入层设备,用来将用户的数据、语音及视频等业务接入到分组网络中,IAD 的用户端口数一般不超过_____个。

17. 程控交换机与软交换机比较,系统处理机(控制部分)被软交换机取代;信令终端被_____取代;中继模块被_____取代;用户接口模块被各种各样的_____取代;智能网被形形色色的业务服务器取代;而最重要的交换网络被核心分组网取代。

18. SIGTRAN 的中文含义是_____,是_____和软交换设备间的控制协议。

19. M2UA、M3UA 属于 SIGTRAN 协议簇中的的信令适配协议,其中文含义分别是_____和_____。

20. _____是 SIP 协议的扩展,用于在软交换机之间透传 ISUP 的负载消息。

二、选择题

1. 软交换提供业务的主要方式是通过 API 与(　　　)配合以提供新的综合网络业务。

A. 控制服务器　　　　　　　　　　　B. 应用服务器

C. 传输服务器　　　　　　　　　　　D. 接口服务器

2. 软交换是基于软件的分布式交换/控制平台,它将(　　　)功能从网关中分离出来,从而可以方便地在网上引入多种业务。

A. 释放控制　　　　B. 呼叫控制　　　　C. 数据控制　　　　D. 故障控制

3. 软交换设备位于 NGN 的哪一层?(　　　)

A. 控制层　　　　　B. 接入层　　　　　C. 传输层　　　　　D. 业务层

4. NGN 控制层的核心设备是(　　　)。

A. 应用服务器　　　　　　　　　　　B. 媒体网关

C. 中继网关　　　　　　　　　　　　D. 软交换机

5. (　　　)是 IETF 的一个协议簇,其任务是建立一套在 IP 网络上传送 PSTN 信令的协议。

A. SIP 协议　　　　　　　　　　　　B. BICC 协议

C. SIGTRAN 协议　　　　　　　　　　D. H.323 协议

6. 高速路由器处于 NGN 的(　　　),实现高速多媒体数据流的路由和交换,是 NGN 的交通枢纽。

A. 接入层　　　　　B. 控制层　　　　　C. 业务层　　　　　D. 传输层

7. PSTN 中系统处理机(控制部分)在 NGN 中被(　　　)取代。

A. 应用服务器　　　　　　　　　　　B. 业务控制点 SCP

C. 媒体网关　　　　　　　　　　　　D. 软交换机

8. PSTN 中用户接口模块在 NGN 中被(　　　)取代。

A. 接入网关　　　　　　　　　　　　B. 中继网关

C. 信令网关　　　　　　　　　　　　D. 软交换机

9. PSTN 中最重要的交换网络在 NGN 中被(　　　)取代。

A. 核心传输网　　　　　　　　　　　B. 接入网

C. 业务服务器　　　　　　　　　　　D. 业务数据库

10. 完成基本呼叫所需的媒体资源由哪个设备进行播放控制?(　　　)

A. Application Server　　　　　　　B. Media Server

C. Softswitch　　　　　　　　　　　D. MG

11. 完成增值业务呼叫所需的媒体资源由哪个设备进行播放控制?(　　　)

A. Application Server　　　　　　　B. Media Server

C. Softswitch　　　　　　　　　　　D. MG

12. Softswitch 体系中哪个设备具体负责媒体资源的播放?(　　　)

A. Media Server　　　　　　　　　　B. Application Server

C. Softswitch　　　　　　　　　　　D. TG

13. 对于 GSM 网络的演进,Softswitch 可以从取代哪个功能实体入手?(　　　)

A. VLR　　　　　B. MGCF　　　　　C. MSC　　　　　D. BSC

14. 中继信令网关,媒体网关在 SOFTSWITCH 结构中位于(　　)。

A. 业务层　　　　　B. 控制层　　　　　C. 传输层　　　　　D. 接入层

15. 下列属于呼叫控制协议的是(　　)。

A. BICC　　　　　B. MGCP　　　　　C. SIGTRAN　　　　　D. H.248

16. 下列属于媒体控制协议的是(　　)。

A. BICC　　　　　B. MGCP　　　　　C. SIGTRAN　　　　　D. M3UA

17. H.248 是何种类型的协议?(　　)

A. 对等型　　　　　B. 主从型　　　　　C. 分级型　　　　　D. 任意

18. 下列哪个设备可以直接带普通电话用户?(　　)

A. Softswitch　　　　　B. IAD　　　　　C. TG　　　　　D. SG

19. 从狭义来讲,下一代网络的控制核心是(　　)。

A. 软交换设备　　　　　　　　　　B. 业务服务器

C. 路由器　　　　　　　　　　　　D. 媒体网关

20. 用于 SIP 终端和 SS 直接控制连接的协议是(　　)。

A. SIP　　　　　B. BICC　　　　　C. SCTP　　　　　D. H.248

21. 媒体控制协议 H.248 协议的传输层协议不可能选择的是(　　)。

A. SCTP　　　　　B. UDP　　　　　C. TUP　　　　　D. TCP

22. SIP 请求消息中 BYE 的含义是(　　)。

A. 邀请一个用户加入到某个会话

B. 退出呼叫

C. 地址注册

D. 客户机确认收到了一个响应终结消息

23. SIP 响应消息中 1×× 表示(　　)。

A. 请求已收到,继续处理请求

B. 请求已经成功地收到,理解和接受

C. 请求错误,客户机需要修改重发

D. 任何服务器都不能执行请求

24. H.248 常用命令中 MODIFY 用于(　　)。

A. 增加一个事务到一个关联中

B. 修改一个事务的属性、事件和信号参数

C. 从一个关联中删除一个事务,同时返回该事务的统计状态

D. 将一个事务从一个关联转移到另一个关联中

三、判断题

(　　)1. 软交换是与业务相关联的,它是在基于 IP 的网络上提供电信业务的技术。

(　　)2. 软交换可用于 IP 网、ATM 网等数据通信网,但不能用于电路交换网络。

(　　)3. 从实际网络角度看,NGN 涉及从干线网、城域网、接入网或用户驻地网到各种业务网的所有网络层面。

(　　)4. 部件间协议接口的标准化可以实现各种异构网的互通,实现开放分布式网络结构,使业务独立于网络。

（　　　）5. 软交换网络的业务应用层是一个封闭、综合的业务接入平台,在电信网络环境中,智能地接入各种业务,提供各种增值服务,而在多媒体网络环境中,也需要相应的业务生成和维护环境。

（　　　）6. 目前在国际上,比较有影响的 IP 电话方面的协议包括 IETF 提出的 H.323 协议和 ITU-T 提出的 SIP 协议。

（　　　）7. SCTP 的一个偶联可以包含多个流。

（　　　）8. 一个 SCTP 传送地址由一个 IP 地址加一个 SCTP 端口号确定。

（　　　）9. 从狭义上讲,下一代网络包含下一代传送网、下一代接入网、下一代交换网、下一代移动网和下一代互联网。

（　　　）10. 传统的"呼叫控制"功能是和业务结合在一起的,不同的业务所需要的呼叫控制功能不同;而软交换则是与业务无关的。

（　　　）11. 信令传输协议 SIGTRAN 是一个具体信令传输协议。

（　　　）12. AAA 服务器负责用户的安全、QoS 与业务方面的策略控制,它是业务层面与承载层面的桥梁,把来自业务层面的控制策略下发到承载层接入点。

（　　　）13. 软交换机是垂直、封闭和私有的系统结构,传统 PSTN 网的交换机是以呼叫控制与媒体相分离的、基于标准的、开放的系统结构。

（　　　）14. 媒体网关(MG)在软交换设备(SS)的控制下,实现跨媒体业务。软交换设备 SS 与 MG 之间是控制与被控制的主从关系。

（　　　）15. 接入网关是大型接入设备,提供普通电话、ISDN PRI/BRI、V5 等窄带接入,与软交换配合可以替代现有的长途局。

（　　　）16. 中继网关属于媒体网关,提供中继接入,可以与软交换及信令网关配合替代现有的电话端局。

（　　　）17. 呼叫控制协议主要用于 SS 和 SS 之间,是一种对等协议,属于局间信令。

（　　　）18. SCTP 协议是面向连接的基于分组的可靠实时传输协议。

（　　　）19. 在 SCTP 协议中,一个传送地址(IP 地址＋SCTP 端口号)唯一标识一个端点,而一个端点可以包括多个传送地址。

（　　　）20. 媒体控制协议是软交换设备与各类信令网关间的通信协议,属于主从协议,是不对等协议,主要包括 H.248/MGCP、SIP 等协议。

（　　　）21. 呼叫控制协议主要用于 SS 和 SS 之间,是一种对等协议,属于局间信令。其主要包括 MGCP、H.248 等。

四、简答题

1. 什么是网络体系结构? 软交换网络体系结构包含哪些层? 各层的功能是什么?

2. 列举软交换网络各层的设备。

3. 对软交换网络接入层的设备进行分类。

4. 对软交换网络的主要协议进行分类,并列举各类的主要协议。

5. 列举常用的信令适配协议。

6. 画图说明 SCTP 协议栈结构。

7. 画图说明 SCTP 偶联的建立和关闭流程。

8. 软交换机提供业务有哪些方式?

9. 网关设备的主要作用是什么？软交换网络的网关有哪些？如何进行分类？

10. 简述 IMS 网络系统结构组成及主要网元的功能。

11. 简述 EPC 网络系统结构组成、网元的分类及主要网元的功能。

12. 举例说明 SIGTRAN 协议簇从功能上分为哪两大类？

13. 简述(或画图说明)SCTP 协议中偶联建立的 4 步握手过程和关闭的 3 步握手过程。

14. 画图说明 SIP 用户登记流程。

15. 从不同角度比较 M3UA 与 M2UA。

五、综合题

1. 分析软交换技术的优势及发展前景。

2. 从多方面对软交换、IMS、EPC 等核心网技术进行比较。

模块五　光交换模块

本章内容

- 光交换概念；
- 光交换网络；
- 智能光网络；
- 自动交换光网络。

本章重点

- 光交换网络；
- 自动交换光网络。

本章难点

- 自动交换光网络。

学习本章目的和要求

- 掌握自动交换光网络体系结构；
- 理解光交换网络关键技术；
- 了解光交换的发展。

5.1　光交换概述

光交换（Photonic Switching）技术是指不经过任何光/电转换，在光域直接将输入光信号交换到不同的输出端，完成光信号的交换。光交换是一种光纤通信技术，是全光网络（AON）的核心技术之一。AON 是指信号只在进出网络时才进行电/光（E/O）和光/电（O/E）转换，而在网络中传输和交换的过程中始终以光的形式存在。

光交换技术可分成光电路交换（Optical Circuit Switching，OCS）技术、光分组交换（Optical Packet Switching，OPS）技术和光突发交换（Optical Burst Switching，OBS）技术。

OCS 可利用光分插复用设备（OADM）、光交叉连接（OXC）等设备来实现，而 OPS 对光部件的性能要求较高。由于目前光逻辑器件的功能还较简单，不能完成控制部分复杂的逻辑处理功能，因此国际上现有的分组光交换单元还要由电信号来控制，即所谓的电控光交换。随着光器件技术的发展,光交换技术的最终发展趋势将是光控光交换。

OCS 便于和传统电信网及面向连接的 ATM 技术结合,因而研究得最多,也最接近实用化,但随光分组交换机和 WDM 技术的成熟,光分组交换波分复用(WDM)网络成为 IP 业务的最佳承载实体。

从长远来看,OPS 是光交换的发展方向,但 OPS 存在着两个近期内难以克服的障碍:一是光缓存器技术还不成熟,目前实验系统中采用的光纤延迟线(Fiber Delay Line,FDL)比较笨重、不灵活,存储深度有限;二是在 OPS 的节点处,多个输入分组的精确同步难以实现。因此,在短时期内光分组交换的商业应用前景还不被看好。在这种情况下,Chunming Qiao 和 J. S. Tumor 等人提出了新的光交换技术 OBS,作为电路交换向分组交换的过渡技术。OBS 使用的带宽粒度介于电路交换和光分组交换之间,比电路交换灵活、带宽利用率高,比光分组交换更贴近实用。

5.1.1 光电路交换

光电路路交换系统所涉及的技术有空分光交换技术、时分光交换技术、波分/频分光交换技术、码分光交换技术和复合型光交换技术。

1. 空分光交换

空分光交换是根据需要在两个或多个点之间建立物理通道。这个通道可以是光波导,也可以是自由空间的波束。信息的交换通过改变传输路径来完成。

(1)空分光交换

空分光交换的核心器件是光开关。人们根据不同的机理研制出多种 2×2 光开关,然后再用这些 2×2 光开关单元构成大规模交换矩阵。空分光交换基本单元如图 5-1 所示。

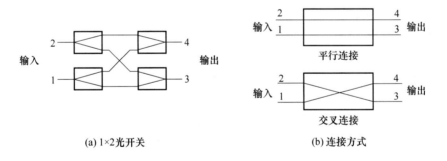

(a) 1×2光开关　　　　(b) 连接方式

图 5-1　空分光交换基本单元

(2)自由空间光交换

自由空间光交换是指在自由空间无干涉地控制光波路径的一种技术。它一般采用阵列器件和自由空间光开关,因此必须对阵列器件进行精确校准和准直。空间光调器(SLM)是由排成方阵的许多个基本元件构成。每个元件的“透明”程度是靠外加电信号控制的,因此根据需要,适当设置不同的外加电信号即可使得入射光信号通过(透明)或不通过(不透明),实现 $N\times N$ 光开关阵列。

2. 时分光交换

时分复用是通信网中普遍采用的一种复用方式。

时分光交换与程控交换中的时分交换系统概念相同,也是以时分复用为基础,用时隙交换原理实现光交换功能。它采用光存储器实现,把光时分复用信号按一种顺序写入光存储器,然后再按另一种顺序读出来,以便完成时隙交换。光时分复用和电时分复用类似,也是把一条复用信道划分成若干个时隙,每个基带数据光脉冲流占用一个时隙,N 个基带信道复用成高速光数据流信号进行传输。时分光交换原理如图 5-2 所示。

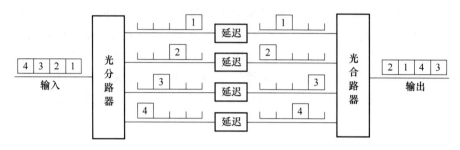

图 5-2   时分光交换

鉴于光时分系统与光传输系统很好配合构成全光网,所以光时分交换机技术研究开发进展很快,其交换速率几乎每年提高一倍。与此同时,OTDM 技术代表了光信号复用技术的一个方向,只要解决了光信号的处理问题,光时分交换技术就可以用在未来的光程控交换机中。

目前,光存储器主要是使用光纤延迟线实现。ATM 光交换机(ATMOS)是典型的光时分交换机。

3. 波分/频分光交换

在光纤通信系统中,波分复用(WDM)或频分复用(FDM)都是利用一根光纤来传输多个不同光波长或不同光频率的载波信号来携带信息的。波分复用是指把 N 个波长互不相同的信道复用在一起,得到一个 N 路的波分复用信号。一般说来,在光波复用系统中其源端和目的端都采用相同波长来传递信号。

波分光交换指光信号在网络节点中不经过光/电转换,直接将所携带的信息从一个波长转移到另一个波长上。波分光交换能充分利用光路的带宽特性,可以获得电子线路所不能实现的波分型交换网络。它利用了 N 个波长,每个输入的光波被可调谐激光器(TL)变成 $\lambda_1\cdots\lambda_N$ 中的某一个波长的光波,用星型耦合器将这 N 个光波混合,利用输出端波长可调谐光滤波器(TF)分别选出所需波长的光波,从而实现这 N 个光波的交换。

与时分光交换系统相比,波分光交换有两个优点:①各个波长信道比特速率具有独立性,交换各种速率的带宽信号不会有什么困难;②交换控制电路的运行速度不必很高,一般电子电路就可以完成。

4. 码分光交换

光码分复用(OCDMA)是一种扩频通信技术,不同用户的信号用互成正交的不同码序列来填充,经过填充的用户信号可调制在同一光载波上在光纤信道中传输,接收时只要用与发方向相同的码序列进行相关接收,即可恢复原用户信息。由于各用户采用的是正交码,因此相关接收时不会构成干扰。由于采用不同的扩频码序列对码元进行填充,因此关键是扩频编解码。码分光交换的原理就是将某个正交码上的光信号交换到另一个正交码上,实现不同码字之间的交换。

码分光交换与光时分交换相比不需要同步。

5. 复合型光交换

复合型光交换(Composite Type Photonic Switching)技术是指将以上几种光交换技术有机地结合,根据各自特点合理使用,完成超大容量光交换的功能。例如,将空分和波分光交换技术结合起来,总的交换量等于它们各自交换量的乘积。

常用的复合光交换方式有"空分+时分""空分+波分""空分+时分+波分"等。

5.1.2 光分组交换

光分组交换(OPS)是电分组交换在光域的延伸,交换单位是高速光分组。

OPS沿用电分组交换的"存储-转发"方式,是无连接的,在进行数据传输前不需要建立路由和分配资源。采用单向预约机制,分组净荷紧跟分组头后,在相同光路中传输,网络节点需要缓存分组净荷,等待分组头处理,以确定路由。与OCS相比,OPS有很高的资源利用率和很强的适应突发数据的能力。

光域分组交换与电域分组交换的最大区别是:电分组交换的数据在缓存区中静止存储,而光域分组交换的数据必须实时处理或动态存储。

光分组交换完成以下功能。

(1)选路:分组在分布网络中从开关的输入到开关输出或从源到目的地需要选路。分组头以与数据不同的分组传送、处理以便正确设置开关的状态。

(2)流量控制与竞争解决方案:开关网络中分组不能相互碰撞、争用资源,常用的解决方案有缓存、阻塞、分流、缺陷选路等,以防止分组在开关网络链路上阻塞和开关输出端口的争用。

(3)同步:在开关的输入端口分组之间必须同步以便分组之间正确地进行选路、交换。

(4)头的产生/插入:新的分组头的产生并在合适的输出端口插入到负荷中去,在多跳网中分组头的产生与插入应与分组在网络中的时间无关。

光分组交换机组成如图5-3所示,分为3个功能块。

(1)波长选路由功能块:完成分组的首部提取,对照路由表完成地址解析,主要包括光电转换、定时同步、电域的分组分析与控制、波长变换器几个部分。

(2)光缓存功能块:要保证交换机的高速大容量高速缓存是关键,由于还没有全光RAM,光缓行只能是电控制的光纤延迟线阵列完成,用电信号来控制光开关选通不同的光纤长度(对应时间)从而完成不同的存储时间。

(3)交换功能块:完成分组交换,交换矩阵采用空分矩阵。波长选路由功能块,有两种实现方法,采用高速光开关从IP信号直接提取路由。以便实现光IP,另一种光电混合式,端口数为 i 的光纤携带WDM信号经解复用器解复用为 $\lambda_1,\cdots,\lambda_N$ 波长的光信号分别经光电变换进行分析和控制,其输出的电控信号控制同步定时并根据路由选择策略决定分组的去向(即确定波长子集中的波长),同时控制波长变换器,实施波长选路由。 N 条路由的分组都通过光缓存排队,以保证任意时隙任意输出波长上只有唯一确定的分组。

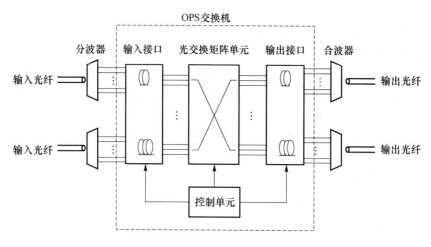

图 5-3　光分组交换机组成

5.1.3　光突发交换

光突发交换技术(OBS)采用单向资源预留机制,以光突发作为交换网中的基本交换单位,突发是多个分组的集合,由具有相同出口边缘路由器地址和相同 QoS 要求的 IP 分组组成,分为突发控制分组(BCP)与突发分组(BP)两部分。

BCP 和 BP 在物理信道上是分离的,每个 BCP 对应一个 BP。BCP 长度较之于 BP 要短得多,在节点内 BCP 经过 O/E/O 的变换和电处理,而 BP 从源节点到目的节点始终在光域内传输。OBS 节点有两种:核心节点与边缘节点。核心路由器的任务是完成突发数据的转发与交换;边缘路由器负责重组数据,将接入网中的用户分组数据封装成突发数据,或进行反向的拆封工作。

在 OBS 网络中,基本交换单位是突发(burst)数据。OBS 中的"突发"是由具有相同出口边缘路由器地址和相同 QoS 要求的 IP 包组成的超长 IP 包,这些 IP 包可以来自传统 IP 网中不同的电 IP 路由器。突发数据是光突发交换网中的基本交换单位。OBS 中控制分组(Burst Control Packet,BCP,相当于分组交换的分组头)与突发数据(净载荷)在物理信道上是分离的,每个控制分组对应一个突发数据。

例如,在 WDM 系统中,控制分组占用一个或几个波长,突发数据则占用所有其他波长。在 OBS 中,突发数据从源节点到目的节点始终在光域内,而控制信息在每个节点都需要 O/E/O 的变换以及电处理。控制信道(波长)与突发数据信道(波长)的速率可以相同,也可以不同。OBS 网由光核心路由器和电边缘路由器组成,边缘路由器负责将传统 IP 网中的数据封装为光突发数据以及反向拆封,核心路由器的任务是对光突发数据进行转发与交换。数据信息在 OBS 网中不进行 O/E、E/O 变换。

5.1.4　OCS、OPS 和 OBS 的比较

OBS 既综合了 OCS 和 OPS 的优点,又避免了它们的缺点,是一种很有前途的光交换技术。

OCS 继承了传统电路交换的面向连接的特点,优点也是实时性好,而且由于电路交换应用经验的积累,OCS 还有简单、易于实现、技术成熟的优点,缺点是带宽利用率低,灵活性差,不适合数据业务网络,不能处理突发性强和业务变化频繁的 IP 业务,不能适应数据业务高速增长的需要。

OPS 继承了传统分组交换的信息分组、存储-转发和共享信道的特点,优点也是资源利用率高和突发数据适应能力强,缺点是由于光缓存器等技术还不够成熟,目前缺乏相关的支撑技术暂时无法实用化。

OBS 的要点是单向资源预留,交换粒度适中,控制分组与数据信道分离,不需要存储-转发。

OCS、OPS、OBS 原理示意图如图 5-4 所示。

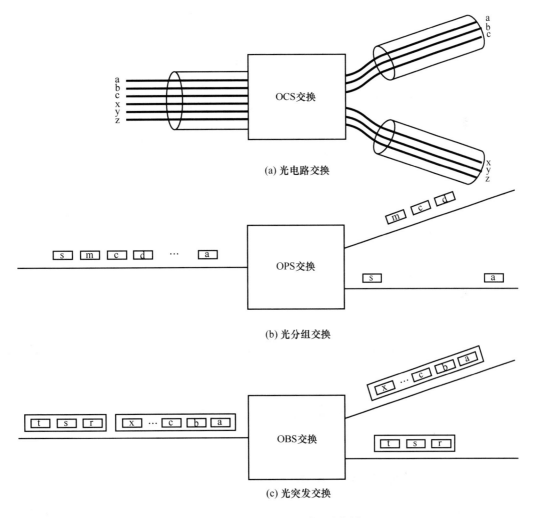

图 5-4　OCS、OPS、OBS 原理示意图

对于 OCS 而言,OBS 采用单向资源预留,控制分组先于数据分组在控制信道上传送,为数据分组预留资源(建立连接),而且在发出预留资源的信令后,不需要得到确认信息就可以在数据信道上发送突发数据,与 OCS 相比节约了信令开销时间,提高了带宽利用率,能够

实现带宽的灵活管理。同时,OBS吸取了OCS不需要缓冲区的特点,易于与光技术融合。另外,OBS享用了OCS积累的应用经验,实现简单且价格低廉,易于用硬件高速实现,技术相对成熟。

对于OPS而言,OBS吸取了OPS传输灵活,信道利用率高的优点,它将多个具有相同目的地址和相同特性的分组集合在一起组成突发,提高了节点对数据的处理能力。突发数据通过相应的控制分组预留资源进行直通传输,无须O/E/O处理,不需要进行光存储,克服了OPS光缓存器技术不成熟的缺点。且OBS的控制分组很小,需要O/E/O变换和电处理的数据大为减小,缩短了处理时延,大大提高了交换速度。

从上分析可见,OBS交换粒度界于大粒度的OCS和细粒度的OPS之间,技术实现较OPS简单,但组网能力又比OCS灵活高效。OBS支持分组业务性能比OCS好,实现难度低于OPS。OBS比OPS更贴近实用化,通过OBS可以使现有的IP骨干网的协议层次扁平化,更加充分地利用DWDM技术的带宽潜力。

表 5-1 OCS、OPS、OBS 比较

序号	比较内容	OCS	OPS	OBS
1	交换粒度	波长/波带/光纤(大粒度)	10 ns～10 μs光分组(小粒度)	1～100 μs突发包(中粒度)
2	交换方式	直通	存储-转发	直通
3	控制方式	带外控制	带内控制	带外控制
4	信息长度	可变	固定	可变
5	建立链接时延	高	低	低
6	建立链接占用信道	占用	不占用	占用
7	带宽利用率	低	高	较高
8	复杂性	低	高	中
9	灵活性	低	高	较高
10	光缓存器	不需要	需要	不需要
11	开销	低	高	低
12	特点	静态配置或端到端信令	存储-转发交换	预留带宽交换,无须缓存

5.2 光交换网络

5.2.1 光交换网络概念及发展

光交换网络是以光为传输媒质的通信网络。光交换网络在光层上完成通信数据的传输、交换、汇聚和接入等网络的功能。

光交换网络有以下特点:

- 充分利用了光纤的巨大带宽资源;
- 对数据的传输速率、协议、业务的透明性;

- 可提供动态可重构网络,灵活升级;
- 波长的再利用;
- 可靠的保护恢复机制。

第一代光网络的例子是同步光网络(SONET)和同步数字体系(SDH)网络,分别构成北美、欧洲和亚洲通信基础设施的核心。也有变化的企业网络,如光纤分布式数据接口(FDDI)。

第一代光网络的特点如下:

- 光纤纯粹作为传输媒介,作为铜缆替代品;
- 点到点的传输;
- 所有交换和比特处理用电的方法完成。

第二代光网络的主要优点是,一旦光通路建立,电路交换光通路服务对发送到上面的实际数据是透明的;在光域执行更多功能,比如路由和交换波长,最终以光形式交换包。

第二代光网络的特点如下:

- 部分交换和路由功能从电层进入光层;
- 发展了基于该优点的 OTDM 和 WDM 网络;
- 为高层提供三种不同类型的服务;
- 光通路服务,应用于 WDM 网;
- 可提供虚电路服务和数据包服务。

第三代光网络是全光网络。全光网络指用户与用户之间的信号传输与交换全部采用光波技术完成的先进网络。它包括光传输、光放大、光再生、光交换、光存储、光信息处理、光信号多路复接/分插、进网/出网等许多先进的全光技术。

全光网络具有以下优点:

- 透明性好;
- 兼容性好,容易升级;
- 具备可扩展性;
- 具备可重构性;
- 省掉了大量电子器件;
- 可靠性高;
- 提供多种协议的业务;
- 组网灵活性高。

5.2.2　全光网络

原理上讲,全光网络就是网中直到端用户节点之间的信号通道仍然保持着光的形式,即端到端的全光路,中间没有光电转换器,数据从源节点到目的节点的传输过程都在光域内进行。

1. 全光网络分层结构

全光网络可划分为 3 层,即光路层、光通道层以及光传输媒质层,如图 5-5 所示。图中的电路层本身不属于光网络范围内,然而是不可缺少的,它是介乎用户与光网络之间的通信网络。

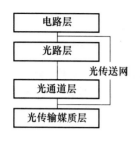

图 5-5　全光网络的分层结构

光传送网（OTN）的概念在 1998 年由国际电信联盟 ITU-T 提出。分层结构是定义和研究光传送网（OTN）的基础。SDH 网按分层概念可以分为电路层、通道层和传输媒质层。G.872 建议在光传送网中加入了光层，按建议，光层由光信道层（OCH）、光复用段层（OMS）和光传输段层（OTS）组成，SDH 和 OTN 的分层结构如图 5-6 所示。

OTN 全光传送网光层的每一层都需要有相应的技术支持，如光传输层需解决光信号的放大、色散管理，光复用段层采用了光波复用技术，如光码分复用（OCDM）、光时分复用（OTDM）、密集波分复用（DWDM），光信道层需要有全光交换技术、全光路由等。

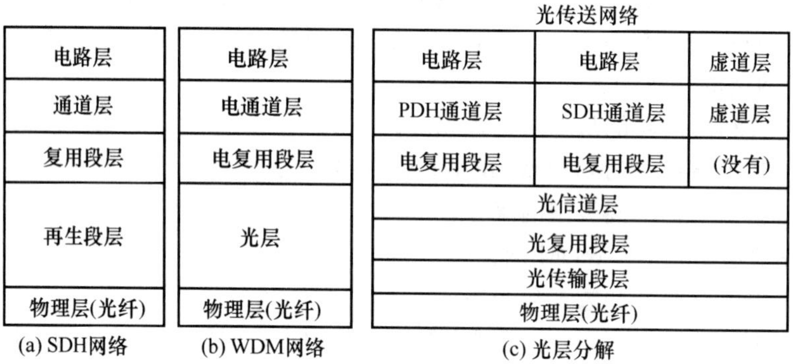

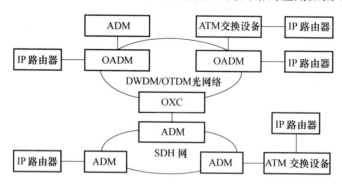

图 5-6　SDH 和 OTN 的分层结构

2. 全光网络的网络节点

OADM、OXC 是全光网络的主要网络节点，其在全光网络的应用如图 5-7 所示。

图 5-7　OADM/OXC 在全光网络的应用

OADM 的功能是从传输设备中有选择的下路通往本地的信号，同时上路本地用户发往另一个节点的信号。

OXC 的主要功能是分离本地交换业务和非本地交换业务。

OXC 由光输入放大器、光解复用器、光波长可调滤波转换器、交换矩阵、光波分复用器和光输出放大器组成。光波长可调滤波转换器和交换矩阵构成了 OXC 的核心部分。

OADM 允许不同光网络的不同波长信号在不同的地点分插复用；OXC 设备允许不同

网络动态组合,按需分配波长资源,实现更大范围的网络互连。

光网络中主要的复用与多址接入技术总结如下:

(1) 波分复用和波分多址(WDM/WDMA),以波长为接入的颗粒;

(2) 时分复用和时分多址接入(TDM/TDMA),以时隙为接入的颗粒;

(3) 副载波复用与多址接入(SCM/SCMA);

(4) 码分复用与多址接入(OCDM/OCDMA)。

3. 全光网络关键技术

全光网络的关键技术有全光交换、全光交叉连接、全光中继、全光复用与解复用等。

(1) 全光交换

① 空分光交换

空分光交换是指空间划分的交换。

② 时分光交换

时分光交换网由时分型交换模块和空分型交换模块构成。

③ 波分光交换

波分交换由波长开关使信号通过不同的波长,选择不同的网络通路来实现交换。

④ 复合型光交换

复合型光交换是指在一个交换网络中同时应用两种以上的光交换方式。

⑤ 自由空间光交换

自由空间光交换可以看作是一种空分交换,它在 1mm 范围内具有高达 10 μm 量级的分辨率。

(2) 光交叉连接

光交叉连接设备是全光网中的核心器件,是用于光纤网络节点的设备,它与光纤组成了一个全光网络。

(3) 全光中继

全光中继是直接在光路上对信号进行放大传输,用全光传输中继器代替再生中继器。

(4) 全光信息的放大和再生技术

可通过全光放大器来提高光信号功率。色散会导致光脉冲展宽,产生码间干扰,使系统的误码率增大。因此,必须采取措施对光信号进行再生。

目前,对光信号的再生都是利用光电中继器,即光信号首先由光电二极管转变为电信号,经电路整形放大后,再重新驱动一个光源,从而实现光信号的再生。

(5) 光复用/解复用技术

① OTDM

OTDM 是用多个电信道信号调制具有同一个光频的不同光信道,经复用后在同一根光纤传输的扩容技术。OTDM 技术主要包括超窄光脉冲的产生与调制技术、全光复用/解复用技术、光定时提取技术。

② WDM

光 WDM 是多个信源的电信号调制各自的光载波,经复用后在一根光纤上传输,在接收端可用外差检测的相干通信方式或调谐无源滤波器直接检测的常规通信方式实现信道的选择。

③ OADM

OADM 具有选择性,可以从传输设备中选择下路信号或上路信号,也可仅仅通过某个波长信号,同时不影响其他波长信道的传输。

特别是 OADM 可以从一个 WDM 光束中分出一个信道,并且一般是以相同波长往光载波上插入新的信息。

(6) 全光网的管理、控制和运作

网络的配置管理、波长的分配管理、管理控制协议、网络的性能测试等都是网络管理方面需解决的技术。

对光放大器等器件进行监视和管理一般采用额外波长监视技术,即在系统中再分插一个额外的信道传送监控信息。

而光监控技术采用 1 510 nm 波长,并且对此监控信道提供检错和纠错的保护路由。

5.3　智能光网络

5.3.1　智能光网络概念

智能光网络是一种以软件为核心的,可实现自动完成网络带宽分配和调度的新型网络。

智能光网络引入了动态交换、信令与策略驱动控制的概念,特别是引入了业务层与传送层之间的自动协同工作机制。智能光网络的重要任务是定义一个通用标准的控制面来高效地控制网络资源。它的优势集中表现在组网应用的动态、灵活、高效和智能方面。

智能光网络主要优点有以下几方面:

(1) 提供了灵活、安全的 Mesh 组网、业务路径优化、业务调度、业务可恢复性和差异化的业务服务;

(2) 提高了网络生存性、带宽利用率和网络可扩展性;

(3) 缩短了业务建立、带宽动态申请和释放的时间;

(4) 简化了网络管理;

(5) 加快了端到端的业务提供、配置、拓展和恢复速度;

(6) 减少了组网成本和维护管理运营费用,网络资源、拓扑可自动发现,带宽可动态申请和释放;

(7) 网络负载自动均衡和优化;

(8) 最终实现不同网络,不同厂家互连、互通;

(9) 还可以引入新的增值业务类型和新商业模式,如按需带宽、带宽出租、批发、贸易、分级的带宽业务、动态波长分配租用业务、光拨号业务、动态路由分配、光虚拟专用网、业务等级协定等 。

5.3.2　智能光网络体系结构

智能光网络体系结构如图 5-8 所示,分为传送平面、控制平面和管理平面 3 个平面。

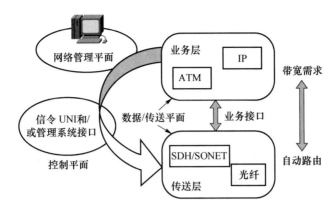

图 5-8　智能光网络体系结构

1. 传送平面

传送平面由交换实体的传送网网元组成,主要完成连接/拆线、交换(选路)和传送等功能,传送网中的"智能"只集中在统一的网管上。

2. 控制平面

ASTN/ASON 智能光网络内的呼叫控制和连接控制的功能都是由控制平面完成。

控制平面接口的主要功能是实现控制平面与上层用户之间、控制平面内部各功能实体之间以及控制平面与传送平面、管理平面之间的连接。

控制平面的核心功能是连接控制,它实际上是控制平面对传送平面的智能化操作。

3. 管理平面

管理平面对控制平面和传送平面进行管理,管理平面的主要功能是建立、确认和监视光通道,并在需要时对其进行保护和恢复。

5.3.3　智能光网络关键技术

1. 智能光网络中的节点技术

光节点提供端到端的光通道连接和分插复用,对光通道进行优化配置和动态业务疏导,实现支撑骨干业务网的流量工程,实现网络的保护与恢复。

光节点的主要功能如下:

① 连接和带宽管理、提供光信道的连接和波长上/下路功能;

② 波长整形;

③ 多业务接口;

④ 在波长层面的保护和恢复;

⑤ 动态分配波长;

⑥ 将光节点与核心路由器耦合;

⑦ 新业务提供。

2. 光通路路由状态监测技术

OTN 中光通路路由状态监测是指对进入节点的光通路的路由状态进行监测,要求完成的功能有:确定该光通路是否连通;是否按照要求正确地配置光通路的路由;如果没有连通,故障点在何处？如果没有正确配置，问题出在什么地方？

光通路路由状态监测技术主要分为 3 大类。

① 间接监测法：此类方法通过监测节点中各开关部件的状态来间接监测节点的路由状态。

② 节点内的标记、监测和去标记法：此类方法的基本思想是在节点的入口处给进入节点的各光通道打上标记；在节点内设定的监测点对标记进行提取以实现监测功能；在节点的出口将标记去除。

③ 全网范围的标记、监测法：此类技术的基本思想是给光通道打上一个唯一的标记，在网络的各监测点根据这一标记来确定光通路的路由状态。

3. 大容量交叉矩阵

开发 OXC 的核心技术是大容量的交叉矩阵。

大交叉矩阵用 1×2 或 2×2 的机械光开关级联的方式是实现不了的，为此出现了新的光开关技术——微电子机械系统，它具有以下特点：可支持多达 $1 \sim 152$ 对输入输出端口，突破了运营商需求的最低值规模；真正实现了全光的网络。

智能光网络的硬件光交叉，是采用新技术实现全光 OXC 一种方向。

采用光-电-光的手段来实现大容量的光波长交叉 OXC 也是一种手段。

4. 通用多协议标签交换

通用多协议标签交换(GMPLS)有以下几个新的特点：

① 使用带外控制信道；

② 支持广义标签；

③ 支持广义标签交换路径，可实现标签交换路径嵌套；

④ 允许建立双向标签交换路径；

⑤ 采用受限的最短路径优先的选路；

⑥ 引入了链路绑定的概念；

⑦ 将标签交换路径携带的净荷类型扩展至 SDH、1 Gbit/s 或 10 Gbit/s 以太网帧信号；

⑧ 采用相邻转发方式；

⑨ 允许上游节点提议请求建立；

⑩ 由下游节点来限制标签范围。

5.3.4　自动交换光网络

所谓自动交换光网络(ASON)是以现有传送网络为基础，再引入动态交换的概念，在网元中实现一定的智能，在信令和路由协议控制下，由网元和控制平面动态地、自动地完成光传送、连接和交换的传输和控制功能，完成端到端光通道的建立、拆除和修改，实现网络资源实时和动态的按需分配。

ASON 的概念来源于智能光网络(ION)，其基本思想是在光传送网(OTN)中引入控制平面，将信令和选路引入传送网，把交换功能引入光层，通过智能的控制层面建立呼叫和连接，对网络资源进行实时按需动态分配，完成路由设置、端到端业务调度和网络自动恢复，从而实现光网络的智能化，向支持多信道、高容量、可配置、智能型的网络演进。

ASON 是以 OTN 为基础的自动交换传送网(ASTN)的应用子集。ASON 在传输中融合了交换技术,在信令网控制之下完成光网络连接和自动交换,是传送与交换在光层的融合,是光传送网的一次具有里程碑意义的重大突破,被广泛认为是下一代光网络的主流技术。

当网络出现故障时,能够根据网络拓扑信息、可用的资源信息、配置信息等动态地实现最佳恢复路由。

① ASON 中的"自动交换"的含义主要是指遵循标准化的协议所引起的交叉或交换。

② ASON 并非意味着一定要是全光网络。

1. ASON 的特点

ASON 的特点如下:

① 在光层上实现动态按需业务分配;

② 完善的网络生存技术,高效、灵活、可靠的保护与恢复能力;

③ 具有分布式处理功能;

④ 与所传送客户层信号的比特率和协议相独立;

⑤ 实现了控制平台与传送平台的独立;

⑥ 网元具有智能性;

⑦ 与所采用的技术相独立;

⑧ 链路管理、连接进入控制和业务优先级管理;

⑨ 路由选择包括自动路由计算和确定及路由发现;

⑩ 支持各种带宽的交换和管理。

ASON 不足之处如下:

对设备要求高,不仅需要具备很高的业务吞吐量、丰富的软件功能和控制特性,还要具备 IP 路由器的选路功能、光交换的快速交换功能以及带宽资源的动态分配和管理能力,同时还要提供网络故障时的保护/恢复能力。

2. ASON 的体系结构

ASON 体系结构如图 5-9 所示,采用了层次性的、可划分为多个自治域的概念性结构。

① 用户网络接口(UNI):用户与网络间的接口,是不同域、不同层面之间的信令接口。

② 外部网络节点接口(E-NNI):属于不同管理域且无托管关系的控制面实体之间的双向信令接口。

③ 内部网络节点接口(I-NNI):属于同一管理域或多个具有托管关系的管理域的控制面实体之间的信令网络网元之间的双向信令接口。

3. ASON 的功能结构

如图 5-10 所示,ASON 总体结构由传送平面(Transport Plane,TP)、管理平面(Management Plane,MP)和控制平面(Control Plane,CP)组成。

① 传送平面 TP:由一系列传送实体组成,提供端到端用户信息的传输,负责业务的传送,但此时传送层的动作是在管理面和控制面的作用下进行的。ASON 的传送平面具备了高度的智能,主要通过智能化的网元光节点来体现。

② 控制平面 CP:ASON 技术的核心部分。ASON 的控制平面包括资源发现、状态信息传播、通道选择和通道管理等元件。控制平面 CP 由路由选择、信令转发及资源管理等功能模块和传送控制信令的信令网组成,完成呼叫控制和连接控制。同时在控制面和其他层面

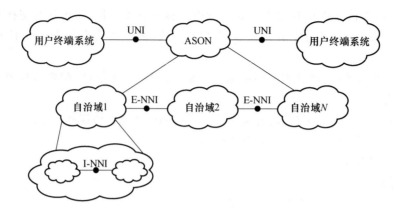

图 5-9　ASON 体系结构

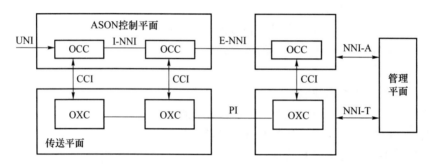

图 5-10　ASON 的功能结构

之间存在着不同的接口,完成与管理面之间功能的协调,实现对传送面资源的管理。

③ 管理平面 MP:具有性能管理、故障管理、配置管理、计费管理和安全管理等功能,负责所有平面间的协调和配合,完成传送平面和控制平面及整个系统的维护。

4. ASON 的现状与发展趋势

ASON 是 ITU-T 将智能光网络标准化后的产物。2001 年,ITU-T 相继发布了 G.807(ASTN)、G.8080(ASON)建议。ASON 的系列标准如图 5-11 所示。

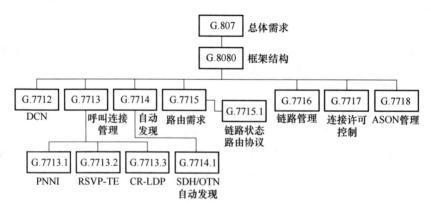

图 5-11　ITU-T ASON 的系列标准

ASON 的演进有以下几个方面:

① 在光传输网完全采用 WDM 传输技术的基础上,首先在长途节点使用 OEO 交换技术的 OXC 设备,采用 ASON 的信令、路由协议和 NNI 接口,在域内实现 ASON 的功能。

② 在城域网范围内,采用具有 UNI 接口的多业务传输平台(MSTP)或 OXC 设备,以便使 MSTP 或 OXC 设备可以通过 UNI 接口,实现端对端智能管理。

③ 在全网内,全面采用 ASON 的信令、路由协议、NNI 接口和功能。

④ 不同运营商的 ASON,使用 NNI 或 UNI 接口互通。

5.4　华为智能光交换设备认知实验

一、实验目的

1. 了解华为智能光交换设备 OptiX OSN 9500 结构;
2. 了解华为智能光交换设备 OptiX OSN 9500 板卡功能。

二、实验环境

华为智能光交换设备 OptiX OSN 9500。

三、实验内容及步骤

1. 设备结构

华为 OSN 系列设备采用(Optical Core Switching,OCS)设计思想,具有智能特性的光交换系统。其中 OptiX OSN 9500 是 OSN 系列的高端代表产品。OptiX OSN 9500 设备子架分为上、下两框,采用前后插板区的形式,前插板区有 32 个板位,后插板区有 26 个板位,共 58 个板位。子架的对外接口都是安装在面板上的。OptiX OSN 9500 子架总体结构如图 5-12 所示。

系统背板(System Backplane),简称 JAFB 板、背板或母板。如图 5-11 所示,系统背板固定在子架的中间,分正反两面,通过其上的各种接插件与对应的单板连接,进行业务传递和信息交换。系统背板在系统中起着十分重要的作用。

系统背板上主要有六类总线,系统依靠这些总线将各个功能单元连接起来。背板上提供的总线分为如下几类:

- 线路板到主备交叉板之间的高速业务总线;
- 主备时钟板到线路板、主备交叉板、主备主控板、公务板之间的时钟总线;
- 线路板到主控板之间的状态总线;
- MBUS 模块之间的维护总线;
- 其他辅助信号总线,如单板间的通信总线、单板电源接入、外部时钟接入输出、风扇调速等辅助功能的信号总线。

2. 设备容量

OptiX OSN 9500 网元的接入容量由交叉矩阵的处理能力和各接入单元(IU)的容量共同决定。OptiX OSN 9500 可以配置 400 Gbit/s 和 720 Gbit/s 两种交叉容量,分别如图 5-13 和图 5-14 所示。

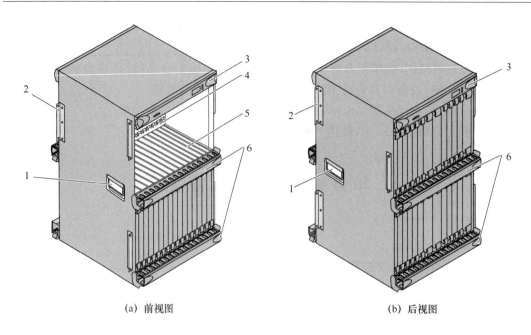

(a) 前视图   (b) 后视图

1—挂耳;2—把手;3—风机盒;4—系统背板;5—插框;6—走线区

图 5-12 OptiX OSN 9500 子架总体结构图

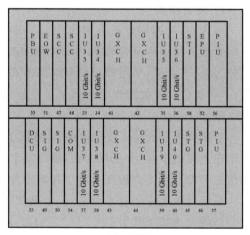

(a) 前插框区   (b) 后插框区

图 5-13 OptiX OSN 9500 400 Gbit/s 槽位的接入容量

3. 槽位分配

（1）前插板区

子架的前插板区用于安装业务单板。上下插板区分别可以插 16 个单板，共 32 个 IU（Interface Unit）槽位（IU01～IU32）。设备子架前插板区示意图如图 5-15 所示。

（2）后插板区

后插板区提供的槽位情况如下：

- 8 个 IU 槽位（IU33～IU40）；
- 1 个 PBU（Key Power Backup Board）槽位；

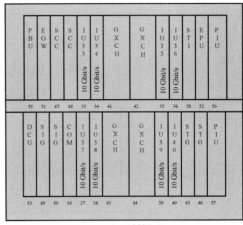

(a) 前插框区　　　　　　　　　　(b) 后插框区

图 5-14　OptiX OSN 9500 720 Gbit/s 槽位的接入容量

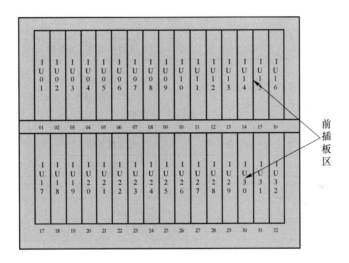

图 5-15　设备子架前插板区

- 1 个 EOW(Engineering Orderwire)槽位；
- 2 个 SCC(System Control & Communication Unit)槽位；
- 4 个 XCH(High Order Cross-connect)槽位；
- 1 个 STI 槽位；
- 1 个 EPU(Electromechanical Information Processing)槽位；
- 2 个 PIU(Power Interface Unit)槽位；
- 1 个 DCU(Dispersion Compensate Unit)槽位；
- 1 个 COM(Communication)槽位；
- 2 个 STG(Synchronous Timing Generator)槽位；
- 2 个预留槽位。

共 26 个槽位。设备子架后插板区示意图如图 5-16 所示。

具体板位分布如表 5-2 所示。

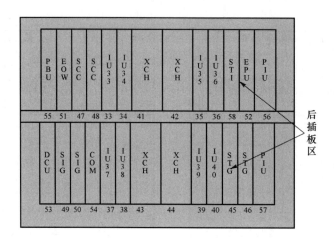

图 5-16　设备子架后插板区

表 5-2　板位分布说明

插板区	板位丝印	位置	数量	备　注
后插板区	IU(33)~IU(40)	33~40	8	支持插放接入容量为 10 G 及 10 G 以下单板
	XCH(41) XCH(42) XCH(43) XCH(44)	41、42、 43、44	4	41、42 互为热备份;43、44 互为热备份。且保护是独立的,即上下插板区的交叉板可以独立进行主备倒换
	STG(45)、STG(46)	45、46	2	互为热备份
	SCC(47)、SCC(48)	47、48	2	互为热备份
	SIG(49)、SIG(50)	49、50	2	保留板位,可插 JBPA、JBA2、JDCU
	EOW(51)	51	1	—
	EPU(52)	52	1	—
	DCU(53)	53	1	—
	COM(54)	54	1	—
	PBU(55)	55	1	—
	PIU(56)、PIU(57)	56、57	2	互为热备份
	STI(58)	58	1	—

（3）单板与槽位对应关系如表 5-3 所示。

表 5-3　OptiX OSN 9500 的业务处理单板与槽位的对应关系

单板	单板描述	可用槽位
F64D	1×STM-64(带外 FEC)光接口板	IU01~IU40
D64D	2×STM-64 光接口板	高阶交叉采用 GXCH 单板时,可安装在 IU03~IU14、IU19~IU30 槽位;高阶交叉采用 EXCH 单板时,可安装在 IU01~IU32 槽位
JL64/L64E	1×STM-64 光接口板	IU01~IU40

单板	单板描述	可用槽位
O16D/O16E	8×STM-16 光接口板	高阶交叉采用 GXCH 单板时,可安装在 IU03～IU14、IU19～IU30 槽位;高阶交叉采用 EXCH 单板时,可安装在 IU01～IU32 槽位
JQ16/Q16E	4×STM-16 光接口板	IU01～IU40
JD16/D16E	2×STM-16 光接口板	IU01～IU40
JL16/L16E	1×STM-16 光接口板	IU01～IU40
L16V	1×STM-16 长距光接口板	IU01～IU40
JLQ4	4×STM-4 光接口板	IU01～IU32
JH41	16×STM-4/STM-1 光接口板	IU01～IU32
JLH1	16×STM-1 光接口板	IU01～IU32
JLHE	16×STM-1 电接口板	IU18～IU31
EGT6	6 路千兆以太网透明传输处理板	IU01～IU32
GE06	6 路千兆以太网透明传输处理板	IU01～IU32
EGS8	8 路千兆以太网交换业务处理板	IU01～IU32
EAS1	1 路 STM-64 以太网交换业务处理板	IU01～IU32
GXCH	普通型高阶交叉板	XCH41、XCH42、XCH43、XCH44
EXCH	增强型高阶交叉板	XCH41、XCH42、XCH43、XCH44
GXCL	普通型低阶交叉板	高阶交叉采用 GXCH 单板时,可安装在 IU03～IU14、IU19～IU30 槽位;高阶交叉采用 EXCH 单板时,可安装在 IU01～IU32 槽位
EXCL	增强型低阶交叉板	高阶交叉采用 GXCH 单板时,可安装在 IU03～IU13、IU19～IU29 槽位;高阶交叉采用 EXCH 时,可安装在 IU01～IU15、IU17～IU31 槽位
JSCC	普通型主控板	SCC47、SCC48
ESCC	增强型主控板	SCC47、SCC48
JSTG	时钟处理板	STG45、STG46
JSTI	时钟接口板	STI58
JEOW	公务板	EOW51
JCOM	系统通讯板	COM54
JPIU	电源接入板	PIU56、PIU57
EMPU	机电信息处理板	EPU52
JPBU	关键电源备份板	PBU55
JDCU	色散补偿板	IU01～IU40 DCU53/STI58/EOW51/SIG49/SIG50

5.5 华为 U2000 网管系统基本操作

1. 创建光网元

在 U2000 中，WDM 设备可划分到不同的光网元来进行管理。U2000 定义了 4 种光网元类型，分别是 WDM_OTM、WDM_OLA、WDM_OADM 和 WDM_OEQ。

（1）登录如图 5-17 所示 U2000 界面入口，右击选择"新建"。

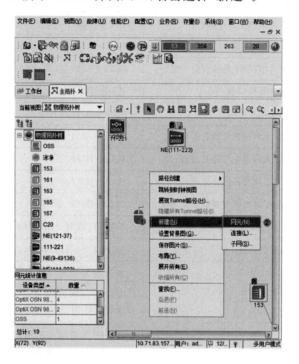

图 5-17　新建光网元

（2）创建光网元的"基本属性"设置，设置网元名称为 otm，波数为 40，如图 5-18 所示。

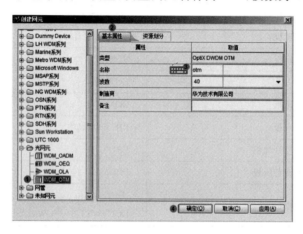

图 5-18　设置光网元基本属性

（3）创建光网元的"资源划分"设置，请参考图 5-19 步骤设置。

2．添加单板

物理单板是当前子架上所插的实际在位单板；而逻辑单板是指在网管上创建的配置层面上的单板。创建逻辑单板后，可以进行业务配置，如果物理板在位，业务就可以配通。

（1）在 U2000 界面中左击"网元"，如图 5-20 所示。

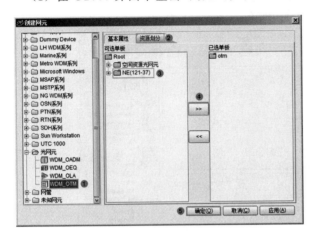

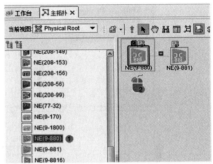

图 5-19　创建光网元资源划分　　　　　　　　图 5-20　登录光网元

（2）在 U2000 网元面板界面中右击单板槽位添加单板，如图 5-21 所示。

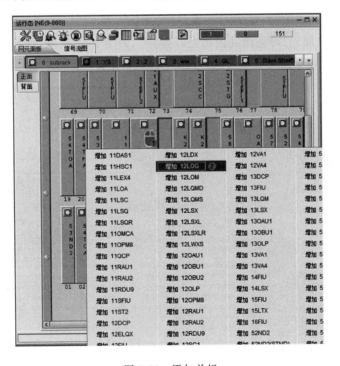

图 5-21　添加单板

3．添加端口

根据设备上实际使用的不同的光模块，在 U2000 上添加不同的端口，设置步骤参考

图 5-22,右击已添加的单板,选择通道图,在通道图的空白区域右击,弹出操作菜单,选择增加端口并按需求添加合适端口。

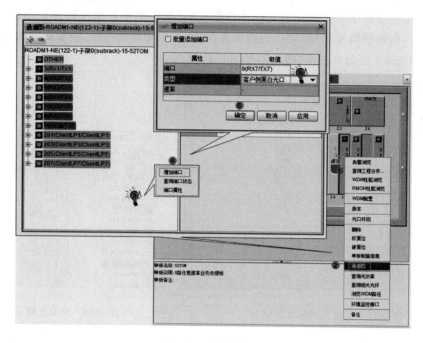

图 5-22　添加端口

4. 创建光纤

(1)单击已创建网元,可创建其内部光纤连接。如图 5-23 所示,选择信号流图,右击选择新建光纤,选择源单板及源端口后,再选择宿单板及宿端口。

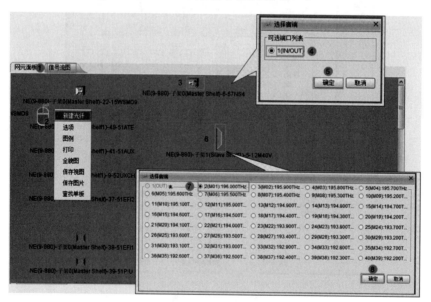

图 5-23　添加光纤

(2)如图 5-24 所示,输入光纤的相应属性,输入光纤长度及设计损耗,完成创建。

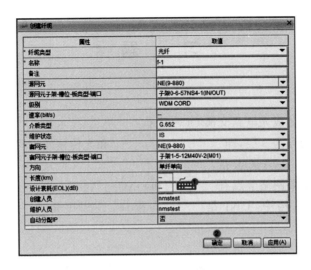

属性	取值
* 纤缆类型	光纤 ▼
* 名称	f-1
备注	
* 源网元	NE(9-880) ▼
* 源网元子架-槽位-板类型-端口	子架0-6-57NS4-1(IN/OUT) ▼
级别	WDM CORD ▼
* 速率(bit/s)	—
* 介质类型	G.652 ▼
* 维护状态	IS ▼
* 宿网元	NE(9-880) ▼
* 宿网元子架-槽位-板类型-端口	子架1-5-12M40V-2(M01) ▼
方向	单纤单向 ▼
长度(km)	—
设计衰耗(EOL)(dB)	—
创建人员	nmstest
维护人员	nmstest
自动分配IP	否 ▼

确定　取消　应用(A)

图 5-24　设置光纤属性

本 章 小 结

1. 光交换(photonic switching)技术是指不经过任何光/电转换,在光域直接将输入光信号交换到不同的输出端,完成光信号的交换。光交换是一种光纤通信技术,是全光网络(AON)的核心技术之一。

2. 光交换技术可分成光电路交换(OCS)、光分组交换(OPS)和光突发交换(OBS)。

光电路路交换系统所涉及的技术有空分交换技术、时分交换技术、波分/频分交换技术、码分交换技术和复合型交换技术。

光分组交换是电分组交换在光域的延伸,交换单位是高速光分组。

光突发交换技术,采用单向资源预留机制,以光突发作为交换网中的基本交换单位。

3. 光交换网络是以光为传输媒质的通信网络,传输的物理媒介有光纤、自由空间等。光交换网络在光层上完成通信数据的传输、交换、汇聚和接入等网络的功能。

4. 全光网络就是网中直到端用户节点之间的信号通道仍然保持着光的形式,即端到端的全光路,中间没有光电转换器,数据从源节点到目的节点的传输过程都在光域内进行。

5. 智能光网络是一种以软件为核心的,可实现自动完成网络带宽分配和调度的新型网络。智能光网络引入了动态交换、信令与策略驱动控制的概念,特别是引入了业务层与传送层之间的自动协同工作机制。

6. 智能光网络体系结构分为传送平面、控制平面和管理平面三个平面。

7. 自动交换光网络 ASON 是以现有传送网络为基础,再引入动态交换的概念,在网元中实现一定的智能,在信令和路由协议控制下,由网元和控制平面动态地、自动地完成光传送、连接和交换的传输和控制功能,完成端到端光通道的建立、拆除和修改,实现网络资源实时和动态地按需分配。

8. 实践部分介绍了华为智能光交换设备 OptiX OSN 9500 的硬件结构和板卡功能。

习　题

一、填空题

1. 光交换技术可分成光电路交换 OCS 技术、_____技术和_____技术。

2. 全光网络可划分为 3 层,即_____、_____和光传输媒质层。

3. OTN 指_____,ASON 指_____。

4. 全光网络的主要网络节点有_____和 OXC。

5. ASON 体系结构中,UNI 是_____接口,E-NNI 是_____接口,I-NNI 是_____接口。

二、简答题

1. 比较光电路交换技术、光分组交换技术和光突发交换技术。

2. 什么是 ASON?ASON 具有什么样的网络结构?

3. 全光网络的关键技术有哪些?

4. 查阅相关资料,讨论 ASON 的发展前景。

参 考 文 献

[1] 范兴娟,张震强,韩静,等.程控交换与软交换技术[M].北京:北京邮电大学出版社,2011.

[2] 桂海源,张碧玲.软交换与 NGN[M].北京:人民邮电出版社,2009.

[3] 陈学梁,李丹.大话核心网[M].北京:电子工业出版社,2015.

[4] 糜正琨,陈锡生,杨国民.交换技术[M].北京:清华大学出版社,2011.

[5] 余重秀.光交换技术[M].北京:人民邮电出版社,2008.

[6] 罗国明.现代网络交换技术[M].北京:人民邮电出版社,2010.

[7] 马虹.现代通信交换技术[M].北京:机械工业出版社,2010.

[8] 中兴通讯 NC 教育管理中心.现代程控交换技术原理与应用(原理、设备、仿真实践)[M].北京:人民邮电出版社,2009.

[9] 刘焕淋.光分组交换技术[M].北京:国防工业出版社,2010.

[10] 敖珺,陈名松,敖发良.光网络与交换技术[M].西安:西安电子科技大学出版社,2013.

[11] 强磊,铙少阳,陈卉.IMS 核心原理与应用[M].北京:人民邮电出版社,2009.

[12] 桂海源,张碧玲.软交换与 NGN[M].北京:人民邮电出版社,2009.

[13] 斯桃枝.路由协议与交换技术[M].北京:清华大学出版社,2012.

[14] 王喆,罗进文.现代通信交换技术[M].北京:人民邮电出版社,2010.

[15] 张毅,余翔,韦世红,等.现代交换原理[M].北京:科学出版社,2012.

[16] 刘静,赖英旭,杨胜志,等.路由与交换交换技术[M].北京:清华大学出版社,2013.